不节食的瘦身餐

萨巴蒂娜 · 主编

化学工业出版社
· 北 京 ·

瘦身是当前很多人的刚需，但是人们对于瘦身的理解却经常存在许多盲点和误区，所以健康的生活方式、健康的食材选择和健康的烹饪方式，可以让瘦身变得更轻松、更安全、更稳定。本书从沙拉小食、元气主食和花样菜肴入手，搭配汤粥、补能小点心和低卡养颜饮品，让你每一餐都吃得丰富。同时，还贴心给出了食材热量以及制作难易程度的说明，低糖、低油、低脂，控制全天热量的摄入。读者通过简单方便的操作，就能达到瘦身的目的。

图书在版编目（CIP）数据

不节食的瘦身餐 / 萨巴蒂娜主编．—北京：化学工业出版社，2019.10
ISBN 978-7-122-34891-3

Ⅰ. ①不… Ⅱ．①萨… Ⅲ．①减肥－食谱 Ⅳ．① TS972.161

中国版本图书馆 CIP 数据核字 (2019) 第 146960 号

责任编辑：马冰初　　文字编辑：李锦侠
责任校对：杜杏然　　装帧设计：子鹏语衣

出版发行：化学工业出版社（北京市东城区青年湖南街 13 号 邮政编码 100011）
印　　装：天津图文方嘉印刷有限公司
710mm×1000mm 1/16　印张 12　字数 300 千字　2019 年 11 月北京第 1 版第 1 次印刷

购书咨询：010-64518888　　售后服务：010-64518899
网　　址：http://www.cip.com.cn
凡购买本书，如有缺损质量问题，本社销售中心负责调换。

定　价：49.80 元

瘦身餐可以兼得美味与健康

作为一名注册营养师，我的日常工作之一就是为大家制订减肥食谱。而食谱，必须是由一道道菜组成的。这本书看下来，我有不少收获。这些菜品大多味道清淡鲜美，烹调简单环保。

本书收集了许多低脂、低血糖指数的菜肴的做法，有主食、有小吃，有菜肴、有汤粥，还有一些饮品和甜点，非常全面。从这本瘦身菜谱中你可以看到，瘦身餐没有那么枯燥：它可以是中餐，可以是西餐，也可以是日料；它可以很华丽，也可以很家常……只要你选对了食材，用对了方法，瘦身餐也可以吃得满足，达到美味与健康兼得的效果。

书中的菜谱不只是为你提供瘦身营养的饮食范例，更是提供了瘦身餐搭配的思路。想要切实有效地减肥，需要注意食材的搭配和比例。比如升糖指数低的主食是基础，需要占到你餐盘的 1/4；各种颜色各种类型的蔬菜，用低油低盐的方法烹调，要占到你餐盘的 1/2；剩下的 1/4 需要用低脂肪的肉类、大豆类来填充。书中菜谱的食材用量并不全是 1 人份的，有的是和家人一起享用的。如果你把每道菜都当作 1 人份吃下肚，不但可能热量会超标，而且营养素的搭配也会不均衡，甚至达不到每日必需营养素的摄取标准。

希望大家把这本书买回家之后，多多实践，多掌握一些简单的烹饪技巧，这样就克服了瘦身减肥最难的一关。

中国营养学会注册营养师　知名健康博主
吴佳

我们都要快乐地瘦下去

岁数越大就越发感觉到没有什么是永恒的：时间、健康、身材、夏花与冬雪，还有脸颊的颜色。

除了那些吃不胖的人，保持身材苗条几乎是所有人的追求。

是啊，苗条是多么美好啊！衣服好穿，上下楼矫健，走路轻盈，令人身心愉悦。

很多人说："减肥是一生的事业。"

至今还有很多人认为，减肥只要节食就可以了，管住了嘴巴（少吃甚至不吃），就等于管住了身材。

那一个个因为渴望夜宵而与意志力搏斗的夜晚，请问你真的快乐吗？

没有什么是永恒的，所以节食更加不是。

你能节食一辈子吗？你能一辈子不吃晚饭吗？生在美食之都，你能禁受得住周围美食的诱惑吗？人生应该快乐，享受美食是快乐的一部分，为什么要饿着肚子过一生呢？永远不要跟自己的意志力作对。

节食会降低基础代谢率，节食过后会大概率反弹。

所以养成健康的生活方式才是保持苗条的关键，而饮食是最重要的一环。

瘦身不能少吃，吃到饱而不是过饱。瘦身不能不吃，营养健康的食物反而要吃够吃足。

希望你在吃饱吃好的前提下，快乐瘦身。

萨巴蒂娜

2019 年夏天

健康享“瘦”

第一章

沙拉小食

第二章

元气主食

第三章

花样菜肴与汤粥

第五章

低卡养颜饮品

健康享“瘦”

一 健康的生活方式

1. 不要过度节食

过度节食的后果是会让身体产生危机感，一旦正常进食，身体将会第一时间存储和吸收大量脂肪作为储备。

2. 培养吃饭的仪式感

吃饭的仪式感可以帮忙避免大脑中没有进食享受的概念，然后不停地从零食中获取满足，导致吸收的热量超标。吃饭的仪式感包括专心感受食物的味道，将餐具从能放下所有米饭和菜的大碗换成精致小巧的餐碟，放下手机、关掉电视，专心地坐在桌子前好好吃一顿饭，这样能让食欲得到满足。

3. 养成细嚼慢咽的习惯

通常大脑的食欲中枢需要 20 分钟才能知道你在进食，它对于食物摄取的反应要慢于肠胃的反应，如果你狼吞虎咽地吃饭，等到大脑告诉你已经吃饱的时候，肚子已经吃撑了。所以我们放慢进食的速度，一方面可以更好地体会食物的美味，另一方面也可以避免吃进高于身体所需的能量。

4. 调整进食顺序，更自然地减少油脂和糖分的摄入

想要在不饥饿的状态下瘦身，就要充分获得饱腹感。将一半的份额分给蔬菜瓜果，剩下一半又分出 2/3 留给优质蛋白类，比如瘦肉、禽肉、鱼虾等，余下 1/3 可以细嚼慢咽地吃你喜欢的主食。但是碳水化合物类的主食，应该多加入一些粗粮杂粮杂豆，不要一味地吃精加工的纯碳水食物，具体怎么搭配，请参考后文中“健康的食材选择”。

5. 早餐一定要吃好，不要等饥饿的时候再吃饭

早餐是一天新陈代谢的开始，一顿营养丰富、食材健康的早餐能让你一天精神饱满。同时还可以避免白天强忍食欲，节食减肥，而到了晚上非常饥饿的时候控制不住，暴饮暴食，反而增加消化负担，越减越肥。

6. 减少晚餐的分量，尽量少吃夜宵

工作和劳动一般都在白天进行，吃过晚餐后基本都是休息时间，身体不需要摄取太多的能量供给劳动带来的消耗，因此在白天的营养摄取已经足够的情况下，晚餐可以减少分量，但也不能完全不吃，可以选择蔬菜、水果或者粗粮。

吃夜宵是一种很不健康的生活习惯，长期如此易使人发胖，尤其会给肠胃带来极大的负担。非常饥饿的时候可以吃一些低糖分或低升糖指数的水果，比如柚子、番石榴、苹果、梨等，或者喝一杯牛奶帮助入睡。

7. 少喝酒，减少外出就餐和吃外卖的次数

酒精的热量并不低，每克酒精产生 7 千卡的热量，而每克蛋白质和碳水化合物均只产生 4 千卡的热量；而啤酒则越喝越开胃。为了身体健康和身材考虑，应尽量避免饮酒。饭店的菜肴为了让味道更加吸引客人，通常会添加更多的调味料。哪怕你只吃清炒的蔬菜，也会让你在不知不觉中摄入许多易使人发胖的成分。比如土豆、茄子等，都是非常吸油的食材，吃着清爽，但是要做得好吃，大量用油是必不可少的。所以外出聚餐次数多了，不论你怎么注意饮食，也一样会发胖，因为要喝酒、要吃菜，外卖也是同理。

8. 多喝水，少喝饮料

尽量多喝水，喝水能帮助身体排毒，促进代谢。尽量少喝饮料，就算口感不那么甜的饮料，含糖量也非常高。比如果汁类饮料，里面含有大量的白糖。当你实在想喝饮料的时候，请注意参考食品说明中的营养成分表，尽量购买热量较低、含糖量较低、添加剂较少的。

9. 少坐多动，利用碎片时间活动身体

养成运动锻炼的习惯，有条件的可以抽时间去健身房。即便平时从事的是久坐不动的工作，也可以抽出碎片时间徒手做点简单的运动 ，比如拉伸、压腿、扭腰等。将乘坐交通工具的机会尽量改成走路或者骑车，零碎不起眼的简单运动习惯，日积月累就是健康的生活习惯。

10. 让抬头挺胸收腹的仪态成为你的自然习惯

同样体型的人，弯腰驼背和挺胸抬头两种不同的仪态，会在视觉上造成不同的胖瘦效果。养成挺胸抬头和收腹的自然习惯，会让你看起来更精神，更苗条。

11. 不要在饥饿的时候逛超市

和第 5 条有相同之处，饥饿的时候会放大自己对食物的渴望和需求，吃饭会暴饮暴食，若在商场就不可避免地会购买很多并不需要的食物，囤积在家中，形成吃零食的习惯。

12. 避免囤积零食，不要将食物放在伸手可得的地方

商场促销，比如薯片买一送一，蛋糕第二个半价，一冲动就买回家放着，觉得不买就亏了，然后不自觉地伸手去拿，张嘴吃掉，胖了之后花更多的钱去减肥，得不偿失。零食是精细加工后的速食产品，打开即食的方式可以让你在嘴馋的时候，以最快的速度让食欲得到满足。所以我们应尽可能地选购需要加工的食材，比如蔬菜瓜果、麦片等。当你想吃零食的时候，还需要一个加工的时间，这个时间会让你的进食冲动减弱，避免不必要的食物囤积。

二
健康的食材选择

如何选择相对健康的食品

1. 多吃蔬菜、杂粮和粗粮

白米饭、面条、馒头、包子等都是经过精加工后的碳水化合物，更容易被人体吸收转化为脂肪。而粗粮和杂粮杂豆含有更多的微量元素、膳食纤维和身体所需的营养物质，能提供更高程度的饱腹感，人体在吸收的时候，需要更多的能量，因此能起到更好的瘦身减肥效果。比如红薯、紫薯、山药、南瓜、燕麦、黑米、糙米、玉米等都是很好的五谷杂粮。

2. 补充优质蛋白，适量吃肉

白肉，从字面上看就是白色的肉类，大部分白色肉类都是比较低脂且富含蛋白质的。比如虾仁、鱼肉、鸡肉等。而红肉的代表则是猪肉、牛肉和羊肉，其中猪肉的热量在肉类中属于较高的，但红肉为我们提供了丰富的铁元素，所以我们也要适量吃这些富含蛋白质和脂溶性维生素的动物性食物。

3. 少吃重口味、深加工的食物（包括腌制品）

重油重盐的食物吃得太多，会加重身体新陈代谢的负担，降低味觉的敏锐度。并且因为口味太重，容易导致进食过量。而腌制食品因为经过了长时间的浸泡，会产生大量的亚硝酸盐等物质，虽然增添了风味，但食材的性质发生了转变，不易被人体所吸收，因此不宜食用过量。

4. 有些沙拉酱热量极高，最好自己制作如油醋汁、酸奶酱等低热量沙拉调味品

市面上的沙拉酱品种繁多，比如千岛酱、番茄酱、蛋黄酱等，只需要少量就能带来丰富的口感，是做沙拉、凉拌菜的好搭档。但是沙拉酱的原料都是鸡蛋黄，含有超量的胆固醇和极高的热量，就算分量不多，加在沙拉中这么不起眼的一点配料，也能让你的减肥计划失败于无形。因此，可以使用酸奶酱、油醋汁等给沙拉调味，在健康饮食的同时，也能满足口腹之欲。

5. 选择更为健康的零食

零食总是无可避免的，人人都爱。选择新鲜的水果、奶制品、饱腹感强的食品，或者是经过简单加工的肉制品，比如牛奶、苹果、坚果、风干牛肉干、全麦面包等都是不错的。应避免食用薯片、油饼、曲奇饼干、巧克力等油脂丰富或经油炸煎制的食品。

食品的分类和选择

1. 主食类

比如大米、糙米、糯米、玉米、土豆、红薯、紫薯、南瓜、山药、燕麦等。多用粗粮及薯类替代精细米面，比如用红薯、紫薯、南瓜、山药、糙米、燕麦米、荞麦等粗粮搭配大米做成杂粮米饭或其他主食，来替代包子、馒头、面条等精细加工过的主食，增加身体膳食纤维、矿物质的摄入，更好地增加饱腹感。

2. 肉蛋奶及大豆制品类

比如猪肉、羊肉、牛肉、鸡肉、鸡蛋、牛奶、豆制品等。应多吃水产品、不带皮的鸡肉以及瘦肉（红肉）。同样是肉类，牛肉、鸡肉、鱼肉的脂肪含量远远低于猪肉，同时蛋白质含量却远远超过猪肉。同样是吃肉，不同种类的肉类所含的营养成分和热量区别很大。

3. 水果类

比如苹果、梨、草莓、奇异果、菠萝、橙子等。水果中，菠萝蜜、桂圆、香蕉等糖分含量非常高，我们应该多选用柚子、番石榴、杨桃、苹果、草莓、梨等水分充足、维生素含量丰富但是糖含量相对较低的来食用。

4. 蔬菜类

比如芹菜、紫甘蓝、生菜、莲藕、金针菇、香菇、西蓝花、番茄、黄瓜、茄子等。蔬菜含有大量的维生素、矿物质、膳食纤维及植物化学成分，是身体必不可少的营养来源。

三
健康的烹饪方式

不节食却又要达到瘦身的目的，除了锻炼之外，最重要的是养成健康的饮食习惯，摒弃油炸、重油等高热量的烹饪方式。这听起来好像不太容易做到，仿佛要与美食说拜拜了，其实不然，中国美食种类丰富，除了油炸、重口味以外，还有很多既好吃又简单易做的料理。这些菜肴采用凉拌、清蒸、炖煮、烤制等方式都可以呈现出来。

我们必须要养成烹饪的时候减少油脂分量的习惯。比如都是肉类，当你特别想吃五花肉的时候，可以选择清蒸的方式，比如东坡肉、粉蒸肉，比起油炸过的扣肉来说，相对健康一些。再比如说茄子的烹饪，炒茄子可能需要 2 汤匙的植物油，但若采用清蒸茄子的方式，不但可以保持茄子清甜柔嫩的口感，而且只需要 1 茶匙的植物油（甚至不放油）进行调味即可。采用加入辣椒、醋、蒜蓉等调料调味的烹饪方式，不但好吃，热量也远远低于炒茄子。

1. 减少油炸的烹饪方式

油炸过的食品，往往酥脆香浓，令人食欲大增，欲罢不能。但因为高温、用大量油的烹饪本质，使得食物的营养物质大量流失，热量加倍增长，比如炸鸡块、油条等。

2. 少油烤制、少油煎制的烹饪方式也能带来丰富的味觉体验

要获得香脆的口感，除了用大量的油高温油炸，也可以用喷壶喷少许油后放入烤箱烤制，或者用平底锅无油煎制等带来丰富的口感。

3. 蒸、煮、水焯的烹饪方式更健康

蒸、煮、水焯的烹饪方式可以最大限度地保留食材的原汁原味和营养物质。再通过蘸料或者加上调味料凉拌，在美味的同时，也更加健康。

4. 凉拌很健康，但要避免调味料中含有过多油脂

凉拌，通过各种调料可以获得丰富的口感。比如醋的酸、糖的甜、花椒的麻、辣椒的辣，等等。香油、橄榄油、植物油等油脂类调味品本身是无味的，在凉拌的烹饪方式中，除了油腻之外并不能带来味觉上的丰富体验，应尽量避免使用。

5. 充分利用食材天然的美味属性，避免深加工

酸甜苦辣的味道，在不同的食材中得以体现。比如柠檬、山楂的酸，菇类的鲜，甘蔗的甜，米椒的辣，苦瓜的苦，这些都是大自然对味觉最纯粹的馈赠。合理地利用食材的天然属性进行简单的加工，搭配出的美味较之经过反复烘焙或其他加工手段做出来的精细人工美食更健康。

第一章 沙拉小食

螺旋意面鸡蛋沙拉

方便携带的白领早餐

荷兰豆色泽嫩绿鲜亮，口感脆爽。搭配红艳水灵的圣女果，颜色丰富，脆嫩可口，看着就让人食欲大增，加上饱腹感很强的鸡蛋，热量低、有营养、吃得饱。

烹饪时间：30 分钟 / 难度：普通

参考热量

食材	热量（千卡）
螺旋意面 50 克	150
鸡蛋 1 个（55 克）	75
圣女果 50 克	13
荷兰豆 50 克	15
橄榄油 3 克	27
合计	280

主料

螺旋意面 50 克，鸡蛋 1 个，圣女果 50 克，荷兰豆 50 克

辅料

橄榄油 3 克，甜醋 1 茶匙，盐 3 克，黑胡椒粉少许

烹饪秘籍

1. 鸡蛋在吃的时候轻轻戳开，流质的蛋黄如同沙拉酱一般起到调味增色的作用。
2. 也可以将鸡蛋水煮至全熟，切碎后拌在沙拉中一起食用，增加饱腹感。

做法

1. 锅内倒入清水烧开，放入螺旋意面，中大火煮10分钟左右至意面熟透，盛出备用。

2. 圣女果、荷兰豆洗净，每个圣女果切成四小块，荷兰豆去掉两头和筋。

3. 将荷兰豆放入沸水中煮2分钟，沥干水分备用。

4. 将荷兰豆、圣女果、螺旋意面放入沙拉碗中，加入橄榄油、甜醋、盐，混合均匀。

5. 将鸡蛋磕入一个不锈钢漏勺里，放入沸水中煮1分钟左右，至蛋清表面凝结即可。

6. 将鸡蛋放在沙拉上，撒上黑胡椒粉即可。

营养贴士

蔬果中含有丰富的维生素，搭配鸡蛋中的蛋白质、意面中的碳水化合物，是一顿营养合理、口感丰富的早餐。

高蛋白高纤维低热量

鸡蛋的热量不高，仅保留蛋清部分，在最大限度上保留了蛋白质的营养，降低了热量。再加上软糯香甜的南瓜,营养好吃,低卡饱腹。

推荐搭配菜品：第五章“紫薯红枣汁”

烹饪时间：30 分钟 / 难度：普通

参考热量

食材	热量（千卡）
鸡蛋 3 个（165 克）	225
南瓜 200 克	46
紫甘蓝 50 克	17
低脂酸奶 50 毫升	22
橄榄油 3 克	27
合计	337

主料

鸡蛋 3 个，南瓜 200 克，紫甘蓝 50 克，生菜 2 片，低脂酸奶 50 毫升

辅料

橄榄油 3 克

注：3 个鸡蛋实际取用蛋清 90 克，热量约 55 千卡，整个菜谱的总热量约 167 千卡。

做法

1. 鸡蛋放入水中煮至全熟，剥壳后留下蛋清，切成小块。

2. 南瓜削皮去瓤，切成小方块；紫甘蓝洗净后切成细丝；生菜洗净撕成大片。

3. 蒸锅内加入清水烧开，放入南瓜块，大火蒸 5 分钟。

4. 蒸好的南瓜块放入烤盘，洒上橄榄油拌匀。

5. 烤箱预热至 220℃，放入南瓜烤盘，上下火 220℃烤 8 分钟，至南瓜块边缘起焦色。

6. 将紫甘蓝丝、生菜叶、南瓜块、蛋清块放入沙拉碗中，浇上低脂酸奶搅拌均匀即可。

营养贴士

蛋清中富含蛋白质，加上南瓜的高纤维，不仅能增加饱腹感，还能帮助肠胃更好地做运动，帮助身体更好地新陈代谢。

烹饪秘籍

1. 余下的蛋黄可以用来做其他菜肴，比如炒土豆丝或者熬蛋黄粥，以免浪费。
2. 紫甘蓝和生菜的选用目的是增加维生素，可以用自己喜欢的其他蔬菜替换。

海鲜坚果沙拉

洋溢着热带风情的清爽早餐

新鲜番茄现熬出来的番茄酱，酸甜香浓。搭配鲜美的海鲜食材和香脆的坚果，味觉体验非常丰富。

烹饪时间：30 分钟 / 难度：普通

参考热量

食材	热量（千卡）
虾仁 100 克	48
鱿鱼须 100 克	75
核桃碎 10 克	65
番茄 150 克	22
西蓝花 50 克	18
橄榄油 5 克	45
合计	273

主料

虾仁 100 克，鱿鱼须 100 克，核桃碎 10 克，番茄 150 克，西蓝花 50 克

辅料

橄榄油 5 克，料酒 1 茶匙，盐 4 克，黑胡椒粉少许

营养贴士

海鲜富含蛋白质，热量较低，搭配西蓝花里丰富的维生素以及坚果中大量的矿物质、维生素和膳食纤维，不但好吃、好看，而且营养全面，满足人体所需。

做法

1. 西蓝花洗净后切成小块，放入沸水中焯熟，沥干水分备用。

2. 番茄洗净后去皮切成小丁。

3. 平底锅中倒入橄榄油烧热，将番茄丁倒入锅中，中火翻炒至出汁。

4. 在番茄中加入 2 克盐及少量清水，小火熬煮至番茄汁浓稠。

5. 鱿鱼须切成小段，和虾仁一起放入盆中，用 2 克盐、料酒、少许黑胡椒粉腌制 15 分钟。

6. 锅内放入清水烧开，将虾仁、鱿鱼须倒入沸水中焯熟（约 1 分钟），至鱿鱼须卷起来即可。

7. 将虾仁、鱿鱼须、西蓝花、核桃碎放入沙拉碗中混合均匀。

8. 将熬好的番茄汁倒入沙拉碗中，混合均匀，撒上黑胡椒粉即可。

1. 核桃碎可以根据自己的喜好用其他坚果替换，比如花生、南瓜子、腰果等。
2. 自己用番茄熬煮番茄汁，可以减少糖分等物质的添加，更加天然健康。

金枪鱼蔬菜鸡蛋卷

高颜值营养早餐

新鲜蔬果的鲜甜口感，搭配有嚼劲的金枪鱼，用喷香的鸡蛋卷裹上，一口下去，满口香浓。

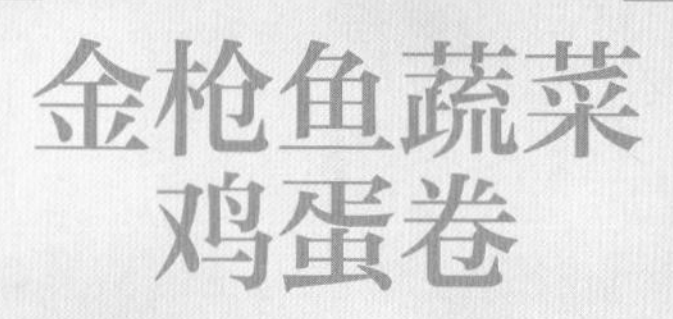

参考热量

食材	热量(千卡)
水浸金枪鱼肉50克	42
鸡蛋1个(55克)	75
胡萝卜30克	10
黄瓜30克	5
橄榄油3克	27
合计	159

主料

水浸金枪鱼肉50克，鸡蛋1个，生菜1片，胡萝卜30克，黄瓜30克

辅料

黑胡椒粉少许，橄榄油3克

营养贴士

这是一顿不含碳水化合物和淀粉，却富含蛋白质和维生素的早餐，能减小身体消耗糖分的负担，让人更轻松，更健康。

做法

1. 鸡蛋磕入碗中，打散成蛋液。

2. 水浸金枪鱼肉沥干水分，放入碗中。

3. 生菜洗净。胡萝卜、黄瓜洗净后削皮，切成细丝。

4. 在金枪鱼肉中加入少许黑胡椒粉，捣碎搅拌均匀。

5. 平底锅加热，用喷壶喷入少许橄榄油。

6. 将蛋液倒入平底锅中，转小火，摊成一块完整的蛋皮。

7. 将摊好的蛋皮平铺在案板上，铺上生菜、黄瓜丝、胡萝卜丝、金枪鱼肉。

8. 将蛋皮卷成卷，对半斜切，做成两个金枪鱼蔬菜鸡蛋卷。

烹饪秘籍

1. 水浸金枪鱼肉在超市有成品罐头出售。
2. 蔬菜可以根据自己的喜好用其他品种替换，切成丝方便卷成卷。

墨西哥轻食鸡肉卷

丰富多彩的食材元素

采用卷类的制作方式，不但美观，而且方便入口。将鲜嫩的鸡胸肉和丰富多彩的蔬菜搭配在一起，浇上爽滑的酸奶，所有食材在口中融为一体，是很完美的味觉体验。

烹饪时间：40 分钟 / 难度：普通

参考热量

食材	热量（千卡）
墨西哥薄饼 1 张（35 克）	100
鸡胸肉 50 克	67
低脂酸奶 30 毫升	14
合计	181

主料

墨西哥薄饼 1 张，鸡胸肉 50 克，低脂酸奶 30 克，生菜 1 片，红彩椒、黄彩椒、洋葱各 10 克

辅料

料酒 1 茶匙，盐 2 克，黑胡椒粉少许

营养贴士

鸡胸肉一直以来都是减脂健身营养食材的首选，其富含蛋白质，且热量较低，还能提供较长时间的饱腹感。搭配蔬菜一起吃，能令膳食营养均衡。

做法

1. 墨西哥薄饼解冻后，放入蒸锅内，待水烧开，上锅大火蒸 1 分钟至饼皮柔软。

2. 将蒸好的薄饼放入平底锅中，小火煎至单面上色。

3. 鸡胸肉表面用刀划出刀口，加入料酒、盐，腌制 15 分钟。

4. 锅内倒入清水烧开，放入腌制好的鸡胸肉，大火煮 3 分钟至鸡肉熟。

5. 将煮好的鸡胸肉捞出，沥干水分，切成细条。

6. 生菜洗净，红彩椒、黄彩椒、洋葱洗净后切成细丝备用。

7. 将鸡胸肉丝、红彩椒丝、黄彩椒丝、洋葱丝放入一个大碗中，倒入低脂酸奶，撒上黑胡椒粉搅拌均匀。

8. 将拌好的食材和生菜裹入墨西哥薄饼中即可。

烹饪秘籍

1. 墨西哥薄饼有市售成品，网购或者从超市里都可以购买。
2. 原味酸奶作为酱料用于调味，可以替换成自己喜欢的其他口味的酱料，比如醋、生抽、辣酱等。

糙米青瓜小卷

清脆好吃又好做的外带王者

糙米虽然口感较大米更为粗糙，但是同时也更富有嚼劲。将其紧紧压实做成小卷，裹入清爽鲜甜的黄瓜和胡萝卜，口感紧实、脆爽。

烹饪时间：40 分钟 / 难度：普通

参考热量

食材	热量（千卡）
糙米 50 克	174
糯米 50 克	175
黄瓜 50 克	8
胡萝卜 50 克	16
黑芝麻 20 克	112
合计	485

主料

糙米 50 克，糯米 50 克，黄瓜 50 克，胡萝卜 50 克，海苔 1 片

辅料

盐 3 克，黑芝麻 20 克

烹饪秘籍

1. 糙米的黏性不够，因此需要搭配糯米才能卷成饭团。
2. 糯米至少要提前浸泡 2 小时。
3. 寿司帘可以用保鲜膜代替，能够起到卷紧、不粘手的效果即可。

做法

1. 糙米洗净后，用清水浸泡 30 分钟，糯米提前一晚浸泡。

2. 蒸锅内放入清水烧开，将糙米和糯米平铺在蒸布上，大火蒸 25 分钟左右至米熟透。

3. 黄瓜、胡萝卜削皮后切成细条备用。

4. 蒸好的米饭中加入黑芝麻和盐混合均匀。

5. 将海苔平铺在寿司帘上，将米饭均匀地铺在海苔上。

6. 将胡萝卜条、黄瓜条均匀地铺在米饭上，用力卷成卷后，用刀切成小段即可。

营养贴士

糙米是脱壳后的稻谷，与普通精致大米相比，含有更多的微量元素和膳食纤维，虽然口感相对较为粗糙，但是在营养和饱腹感方面都更有优势。

梅干菜藜麦饭团

请带我去公司为您补充能量吧

在藜麦独特的坚果香味和颗粒口感的基础上加入了梅干菜的浓香和糯米的香糯，虽然配菜的食材种类不多，但是味觉的层次感非常丰富，而且携带及食用都很方便。很适合户外野餐及上班加餐食用。

推荐搭配菜品：第五章“五谷豆浆”

烹饪时间：40 分钟 / 难度：普通

参考热量

食材	热量（千卡）
糯米 50 克	175
藜麦 50 克	184
梅干菜 20 克	15
花生油 5 克	45
合计	419

主料

藜麦 50 克，糯米 50 克，梅干菜 20 克

辅料

花生油 5 克

烹饪秘籍

1. 梅干菜含有盐分，因此不需要额外放盐。
2. 一定要用力捏紧饭团，以免散开，可以用保鲜膜包裹、压实。

做法

1. 糯米提前一晚用清水浸泡，藜麦用清水浸泡 30 分钟，两种米混合均匀备用。

2. 梅干菜用温水浸泡 30 分钟至变软，洗净后沥干水分，切成碎末。

3. 在蒸锅中倒入清水，将糯米和藜麦对半均匀地平铺在蒸布上。冷水上锅，大火蒸 30 分钟左右至米熟透。

4. 蒸米的同时，炒制梅干菜：在炒锅内倒入花生油烧热，倒入梅干菜炒香，盛出备用。

5. 双手蘸上一些冷开水，以免米饭粘手。将米饭和梅干菜混合均匀。

6. 根据自己的喜好，将混合好的梅干菜藜麦饭搓成合适大小和形状的饭团即可。

藜麦含有人体所需的多种氨基酸，膳食纤维含量高，GI 值（升糖值）低于食材平均值，带有淡淡的坚果香味，且不含麸质，对于麸质不耐受人群是非常好的主食选择。

鸡肉全麦吐司沙拉

不靠颜值取胜的营养大餐

黄瓜和樱桃萝卜的口感都是脆爽多汁的，浇上酸甜可口的酱汁之后，更是变得清爽开胃。搭配焦香入味的鸡胸肉和全麦吐司，不仅好吃、营养、低热量，还能提供长时间的饱腹感。

烹饪时长：30 分钟 / 难度：普通

参考热量

食材	热量（千卡）
全麦吐司 1 片（45 克）	106
鸡胸肉 50 克	48
黄瓜 50 克	8
合计	162

主料

全麦吐司 1 片，鸡胸肉 50 克，黄瓜 50 克，樱桃萝卜 3 个

辅料

甜醋、料酒、生抽各 1 茶匙，盐、胡椒粉各少许

做法

1. 全麦吐司切成小方块；黄瓜、樱桃萝卜洗净削皮，切成片。

2. 鸡胸肉切成小块，加入料酒、少许盐和胡椒粉腌制 15 分钟。

3. 烤盘内垫上一层锡纸，将腌制好的鸡胸肉块放入烤盘中。

4. 烤箱预热至 220℃，将烤盘放入烤箱，烤 15 分钟左右至鸡胸肉熟透。

5. 烤好的鸡胸肉放入沙拉碗中，加入黄瓜片、樱桃萝卜片，洒上生抽、甜醋搅拌均匀。

6. 将全麦吐司块拌入沙拉中即可。

营养贴士

低脂的鸡胸肉和饱腹感极强的全麦吐司，兼顾了蛋白质和碳水化合物的膳食营养需求，满足人体能量所需，且不会对身体造成消化吸收的负担。

1. 若喜欢香脆的口感，可以将全麦吐司块放在平底锅中小火煎至金黄。
2. 可以根据自己的喜好，替换成不同的蔬果。

藜麦蔬菜沙拉

来自植物营养王者的关怀

藜麦和鹰嘴豆都富含蛋白质。搭配富含维生素、矿物质、膳食纤维的南瓜等多种蔬菜，既带来了新鲜清甜的口感，又提供了饱腹的能量。

烹饪时长：40 分钟 / 难度：普通

参考热量

食材	热量（千卡）
鹰嘴豆（干）30 克	102
南瓜 150 克	34
藜麦 20 克	74
胡萝卜 50 克	16
洋葱 50 克	20
黄瓜 50 克	8
橄榄油 3 克	27
合计	281

主料

鹰嘴豆（干）30 克，南瓜 150 克，藜麦 20 克，黄瓜 50 克，洋葱 50 克，胡萝卜 50 克

辅料

橄榄油 3 克，盐、黑胡椒粉各少许

做法

1. 鹰嘴豆、藜麦用清水洗净，浸泡 30 分钟。

2. 黄瓜、洋葱、胡萝卜洗净，削皮，切成小丁备用。

3. 南瓜削皮去瓤，切成小块，放入烤箱中，上下火 220℃ 烤 20 分钟至表面微焦。

4. 锅内倒入清水烧开，放入鹰嘴豆、藜麦，中火煮 20 分钟左右至全部熟透。

5. 煮熟的鹰嘴豆和藜麦捞出后沥干水分备用。

6. 将烤好的南瓜和煮熟的鹰嘴豆、藜麦放入沙拉碗中。

7. 在沙拉碗中拌入黄瓜丁、洋葱丁、胡萝卜丁混合均匀。

8. 撒上适量的盐、橄榄油和少许黑胡椒粉搅拌均匀即可。

营养贴士

鹰嘴豆和南瓜都是口感软糯的主食，所以要搭配爽脆可口的蔬菜，这样口感更佳。

烹饪秘籍

藜麦不含麸质，蛋白质含量很高，还含有人体所需的多种氨基酸，营养价值出众。鹰嘴豆的蛋白质含量也非常高，且含有大量维生素和人体所需的氨基酸和矿物质。

土豆鸡蛋沙拉

简单易做的清爽饱腹主食

土豆泥带来了细腻绵滑的口感，在加入了胡椒粉之后，变得更加香浓可口。搭配着青豆一起食用，是一道看着清爽吃着美味的沙拉。

推荐搭配菜品：第三章“海带炖筒骨”

烹饪时间：20 分钟 / 难度：简单

参考热量

食材	热量（千卡）
土豆 150 克	122
鸡蛋 1 个（55 克）	75
青豆 20 克	80
合计	277

主料

土豆 150 克，鸡蛋 1 个，青豆 20 克

辅料

盐、黑胡椒粉各少许

烹饪秘籍

1. 1 个鸡蛋一般切成 4 块。
2. 若没有叉子也可以用勺子，只要能把土豆压成土豆泥就可以。

做法

1. 土豆洗净，削皮，切成大块，放入蒸锅中蒸熟。

2. 蒸好的土豆块放入沙拉碗中，用叉子压成泥。

3. 鸡蛋煮熟，剥壳后切成小块。

4. 青豆放入清水中焯熟，捞出沥干水分备用。

5. 将鸡蛋块、青豆放入土豆泥中混合均匀。

6. 最后撒上盐和黑胡椒粉搅拌均匀即可。

营养贴士

土豆是容易消化、好吸收的淀粉类主食，只要不是油炸，用蒸、煮等烹饪方式做成的土豆菜肴热量都很低，而且能提供较长时间的饱腹感。

第二章

元气主食

烹饪时间：30分钟 / 难度：简单

参考热量

食材	热量（千卡）
小芋头4个（200克）	112
铁棍山药1根（200克）	114
合计	226

主料

小芋头4个，铁棍山药1根

营养贴士 山药和芋头都属于薯类，富含膳食纤维，能加速肠胃蠕动，促进人体新陈代谢。

清蒸粗粮

朴实无华的土地精华

芋头的香滑软糯让人回味无穷，且极具饱腹感。山药营养价值极高，而热量又极低，都是有助于消化的黄金食物。

做法

1. 小芋头洗净。

2. 铁棍山药洗净，表皮稍做清理，刮掉表面的细须，掰成手指长的段。

3. 蒸锅内放入清水烧开，将小芋头、山药放入蒸锅内，中火蒸25分钟左右至全部熟透。

4. 取出小芋头、山药，装盘，吃时剥皮即可。

烹饪秘籍

1. 判断小芋头熟没熟，可以用筷子试试，能用筷子戳到底，就表示熟透了。
2. 铁棍山药比较细，皮很细嫩，也可以不剥皮直接吃。

香浓温泉蛋意面

好看好吃又好玩

温泉蛋在佐餐之前，半凝固的质感能给菜肴增加更好的视觉效果。佐餐时，划破半凝固的蛋清，蛋黄流淌到食材上，作为增添风味的酱汁，香浓馥郁，既好吃又好看。

烹饪时间：40 分钟 / 难度：普通

参考热量

食材	热量（千卡）
意面 50 克	150
牛油果 1 个（100 克）	170
鸡蛋 1 个（55 克）	75
合计	395

主料

意面 50 克，牛油果 1 个，鸡蛋 1 个，豌豆 10 克

辅料

柠檬半个，盐 3 克，黑胡椒粉少许

做法

1. 意面放入开水中煮 8 分钟左右，沥干水分备用。

2. 柠檬挤出汁水备用；豌豆放入开水中焯熟，沥干水分备用。

3. 牛油果去壳去核，一半切丁，另一半用料理机打成泥。

4. 将牛油果泥和意面放入一个容器内，搅拌均匀。

5. 将拌好的意面盛入大碗中，倒入豌豆和牛油果丁。

6. 锅内放入清水烧开，将鸡蛋磕入不锈钢勺子中，放入开水中煮 3 分钟左右。

7. 鸡蛋煮至蛋清凝固、鸡蛋整体可以晃动的程度，盛出放在拌好的意面上。

8. 在温泉蛋上洒上柠檬汁，再撒入盐和黑胡椒粉，吃的时候搅拌均匀即可。

烹饪秘籍

1. 柠檬汁可根据自己的喜好适量放入。
2. 吃的时候戳破温泉蛋，蛋黄流出来和意面混合，不仅可以代替高热量的沙拉酱，而且口感也非常香浓。

营养贴士

牛油果富含维生素和矿物质，且细腻香浓具有如同冰激凌一般的口感。它与作为主食的意面搭配在一起，非常完美。

番茄黑椒鸡胸肉意面

升级版的意面经典

番茄和意面好像是天生一对，为了补充蛋白质和增强饱腹感而加入的鸡胸肉，在经过一番烹制之后，也分享到了番茄酱的酸甜，入味后和意面完美地融为一体了。

推荐搭配菜品：第三章“南瓜玉米浓汤”

烹饪时间：40 分钟 / 难度：普通

参考热量

食材	热量（千卡）
意面 50 克	150
鸡胸肉 70 克	67
番茄 200 克	30
洋葱 100 克	40
橄榄油 5 克	45
合计	332

主料

意面 50 克，鸡胸肉 70 克，番茄 200 克，洋葱 100 克

辅料

番茄酱、料酒各 1 茶匙，橄榄油 5 克，盐 3 克，黑胡椒粉少许

做法

1. 番茄去皮切丁，洋葱切碎备用。

2. 鸡胸肉表皮用刀划出刀口，加入料酒、黑胡椒粉腌制 10 分钟。

3. 锅内倒入清水烧开，放入腌制好的鸡胸肉大火煮 3 分钟。

4. 将鸡胸肉煮至无血丝时捞起，切成小块备用。

5. 锅内倒入清水烧开，放入意面，中火煮 7 分钟，捞出过凉水，沥干水分备用。

6. 平底锅内倒入橄榄油烧热，加入番茄丁、洋葱碎，翻炒出香味，倒入番茄酱搅拌均匀。

7. 放入鸡胸肉、盐、黑胡椒粉翻炒，加入 1 小勺清水稀释酱汁。

8. 倒入煮好的意面，用筷子搅拌均匀，小火煮 1~2 分钟，待收汁后关火即可。

1. 传统的意大利番茄肉酱面改用鸡胸肉，健康低脂。
2. 第 7 步所加清水的分量请自行调整，保持起锅时留有一些酱汁即可。

营养贴士

这道意面综合了膳食纤维、维生素、蛋白质和碳水化合物，在营养搭配上很完善，而且配比合理，是一道热量不高、让味蕾和食欲都能得到满足的主食。

番茄鸡蛋荞麦面

变换经典可以更健康

番茄和鸡蛋是非常经典的食材搭档，不管是做成汤、炒成菜还是做成汤面或卤面，都令人百吃不腻。我们把升糖指数较高的精面面条换成GI值更低、更能延长饱腹感的荞麦面条，是减肥健身人群更为健康的选择。

烹饪时间：20 分钟 / 难度：普通

参考热量

食材	热量（千卡）
荞麦面（干）50 克	160
鸡蛋 1 个（55 克）	75
番茄 150 克	22
橄榄油 5 克	45
合计	302

主料

荞麦面（干）50 克，鸡蛋 1 个，番茄 150 克

辅料

生抽 1 茶匙，盐 1/2 茶匙，橄榄油 5 克，葱花少许

烹饪秘籍

1. 番茄炒蛋炒好后加入开水直接煮面的方式，能让面条的汤底和面条本身都更加入味。
2. 也可以将番茄炒蛋单独炒成浇头，用清水煮好荞麦面后再拌到一起。

做法

1. 番茄洗净后切成小块。

2. 鸡蛋磕入碗中，打散成蛋液。

3. 锅内倒入少许橄榄油烧热，转中火，加入番茄块翻炒出汁。

4. 在番茄中加入盐、蛋液翻炒至蛋液凝固。

5. 在锅内倒入约 500 毫升开水，中小火烧开，做成面汤。

6. 在面汤中加入荞麦面煮熟，洒上生抽搅拌均匀，撒上葱花即可。

营养贴士

荞麦是粗粮的一种，含有丰富的蛋白质和大量的维生素。荞麦中含量极高的膳食纤维能延缓食物的消化过程，让饱腹感得到延长，非常扛饿，是减肥期间很好的主食选择。

彩蔬荞麦冷面

汤碗里展现五彩缤纷的夏天

各种鲜蔬带来了田园大丰收的感觉，五彩缤纷的食材精致地摆在过了冰水的面条上，洒上酸甜可口的酱汁，给你夏日消暑的清凉感。

烹饪时间：30 分钟 / 难度：普通

参考热量

食材	热量（千卡）
荞麦面（干）50 克	160
鸡蛋 1 个（55 克）	75
橄榄油 3 克	27
细砂糖 2 克	8
合计	270

主料

荞麦面（干）50 克，鸡蛋 1 个，红彩椒、黄瓜、胡萝卜各 15 克

辅料

盐 3 克，细砂糖 2 克，陈醋、生抽、蒜蓉各 1/2 茶匙，白芝麻（装饰用）、香油各少许

烹饪秘籍

1. 荞麦面放入冷水中浸泡的时候让其散开，不要成团。
2. 喜欢吃辣椒的可以加点辣油或者小米辣。

做法

1. 荞麦面煮熟后，放入冰水中浸泡至完全凉透，捞出备用。

2. 红彩椒洗净后切成细丝，黄瓜、胡萝卜洗净后削皮，切成细丝。

3. 鸡蛋煮熟，去壳，对切成两半备用。

4. 取一个大碗，倒入半碗凉开水，放入盐、生抽、陈醋、细砂糖搅拌均匀，调成面汤。

5. 将冷却好的荞麦面放入面汤中，均匀地摆上红彩椒丝、黄瓜丝、胡萝卜丝，再摆上对半切开的鸡蛋。

6. 撒上蒜蓉和白芝麻，淋上香油即可。

营养贴士

多种蔬菜带来了丰富的膳食纤维、维生素和矿物质，加上鸡蛋和荞麦面所含的蛋白质、碳水化合物和人体所需的其他多种营养物质，使营养丰富全面。

糙米蛋包饭

粗粮细做的仪式感

将普通蛋包饭中的大米用糙米进行替换，能更长时间地提供饱腹感。用新鲜番茄现熬成番茄酱，加入糙米饭中，给米饭增添了天然的植物酸甜。

推荐搭配菜品：第三章“香辣凉拌鸡丝”

烹饪时间：30 分钟 / 难度：普通

参考热量

食材	热量（千卡）
鸡蛋 1 个（55 克）	75
糙米饭 150 克	208
番茄 100 克	15
脱脂牛奶 50 毫升	17
橄榄油 5 克	45
合计	360

主料

鸡蛋 1 个，糙米饭 150 克，番茄 100 克，脱脂牛奶 50 毫升，西蓝花 1 小朵

辅料

橄榄油 5 克，玉米淀粉 1 茶匙，盐 2 克，黑胡椒粉少许

营养贴士

这道主食富含蛋白质和维生素，膳食营养全面，更加饱腹、低热量。

做法

1. 将鸡蛋磕入碗中，加入脱脂牛奶、玉米淀粉、橄榄油，用力打散成蛋液。

2. 平底锅里喷入一层橄榄油，将蛋液均匀摊到锅底，小火煎至蛋皮凝固成型，盛出备用。

3. 番茄洗净切成小丁，放入平底锅中，翻炒至软。

4. 在番茄中加适量清水，中小火熬黏稠，加入盐搅拌均匀，做成番茄酱备用。

5. 煮好的糙米饭中趁热加入部分熬制好的番茄酱，搅拌均匀备用。

6. 蛋皮平铺在盘子中间，将米饭铺在蛋皮的一边，另一边包裹过来，盖住米饭。

7. 在蛋包饭表面浇上余下的番茄酱，撒上少许黑胡椒粉。

8. 将西蓝花焯熟后摆在蛋包饭上进行装饰即可。

烹饪秘籍

1. 蛋液中加入少许玉米淀粉可以让鸡蛋皮更有弹性，不易破。
2. 糙米饭如果凉了，放入微波炉或者蒸锅中加热一下即可。

绿茶鸡肉煲饭

让油腻的煲饭君也变得风雅起来

伴着茶汤中的茶香来煮饭，让每一颗米粒嚼起来都带着若有若无的清香，吃得猛不腻人，吃得慢品茶香。

烹饪时间：30 分钟 / 难度：普通

参考热量

食材	热量（千卡）
鸡腿 1 个（85 克）	150
大米 50 克	173
荞麦 50 克	168
菜心 100 克	28
合计	519

主料

鸡腿 1 个，大米 50 克，荞麦 50 克，菜心 100 克，绿茶茶叶 5 克

辅料

料酒、生抽、老抽、盐各 1 茶匙

做法

1. 鸡腿去皮，去骨，将鸡腿肉切成小块。

2. 鸡腿肉用老抽、料酒、盐腌制 20 分钟。

3. 菜心洗净，茶叶用 150 毫升开水浸泡出茶水，滤渣备用。

4. 大米、荞麦洗净，沥干水分后放入电饭锅中，加入腌制好的鸡腿肉搅拌均匀。

5. 在鸡肉饭中倒入茶水，轻轻拌匀，使用电饭锅的煮饭模式进行烹饪。

6. 在米饭快要煮熟的时候，打开电饭煲盖，将洗好的菜心放入鸡肉饭中，洒上生抽，略加搅拌，继续烹饪至熟即可。

营养贴士

茶叶含有丰富的人体所需的矿物质、茶多酚，用来煮饭，吃起来有与众不同的香味，营养上的搭配也更加完善。

烹饪秘籍

1. 鸡腿肉可以用鸡胸肉、牛肉替换。
2. 作为主食的大米和荞麦可以用其他粗杂粮替代，比如玉米粒、燕麦米、黑米都可以。
3. 可以根据个人喜好加入五香粉或者其他调味料。

素咖喱糙米饭

来自印度的美味主食

咖喱是一种香料，出自印度，富有独特的浓香风味，经过简单的烹煮，加入自己喜欢的食材，就能做成一道美味主食。

烹饪时间：40 分钟 / 难度：普通

参考热量

食材	热量（千卡）
糙米 50 克	174
燕麦米 50 克	188
香干 50 克	76
菜花 50 克	10
胡萝卜 50 克	16
橄榄油 5 克	45
合计	509

主料

糙米 50 克，燕麦米 50 克，香干 50 克，菜花 50 克，胡萝卜 50 克

辅料

咖喱块 1 块，橄榄油 5 克，洋葱碎、蒜蓉各 10 克，盐少许

烹饪秘籍

1. 咖喱可以根据自己的喜好购买不同辣味程度的产品。
2. 素食是一个概念，食材可以选择自己喜欢的其他种类，比如烤麸、西蓝花、玉米、豆腐等。

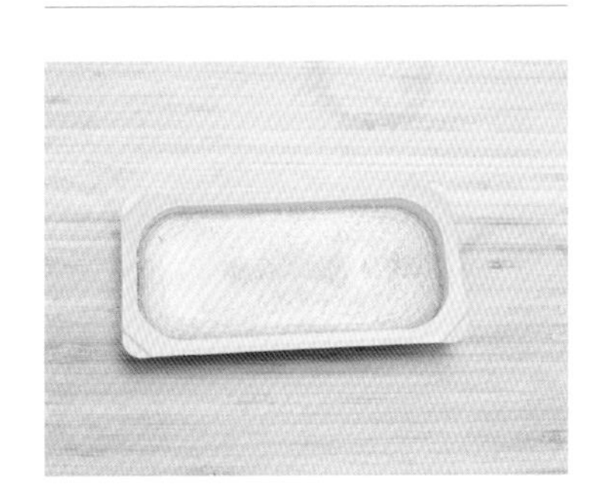

做法

1. 菜花、胡萝卜洗净后切小块，香干切成小方块。

2. 糙米、燕麦米混合，洗净后煮熟，盛出备用。

3. 锅内倒入橄榄油加热，倒入洋葱碎、蒜蓉炒香。

4. 在锅内倒入切好的菜花、胡萝卜、香干，加入少许盐翻炒出香味。

5. 在锅内倒入没过食材的开水，加入咖喱块搅拌至咖喱熔化，盖上锅盖，中大火焖煮至咖喱汤收汁。

6. 煮好的咖喱素菜盛出，铺到米饭上即可。

营养贴士

不同种类的蔬菜，提供了丰富的维生素、矿物质、植物化学成分和膳食纤维，加上各类粗粮做成的主食，饱腹感强但是热量并不高。

四宝盖饭

办公室里最豪华的便当

玉米和米饭中所包含的碳水化合物、鸡蛋和鸡胸肉中的蛋白质、各类菜蔬中含有的不同种类的维生素，让这道主食膳食营养非常全面。我们用最健康的烹制方法，使得这道主食在营养全面的同时兼具颜值，且非常适合外带食用。

参考热量

食材	热量（千卡）
玉米粒 50 克	33
大米 50 克	173
鸡胸肉 50 克	48
鸡蛋 1 个（55 克）	75
鸡腿菇 50 克	4
黄瓜 50 克	8
橄榄油 5 克	45
合计	386

烹饪时间：30 分钟 / 难度：普通

主料

玉米粒 50 克，大米 50 克，鸡胸肉 50 克，鸡蛋 1 个，鸡腿菇 50 克，黄瓜 50 克

辅料

料酒 1/2 茶匙，生抽 4 毫升，香醋 1/2 茶匙，橄榄油 5 克，盐 4 克，黑胡椒粉少许

做法

1. 玉米粒、大米洗净后用电饭煲煮熟。

2. 鸡蛋放入水中，大火煮3分钟，关火闷1分钟，剥壳后对半切开。

3. 黄瓜洗净削皮，切成小块，加入 1 克盐拌匀，腌制 10 分钟。

4. 腌制好的黄瓜沥干水分，加入1毫升生抽、1/2 茶匙香醋拌匀。

5. 鸡胸肉切片，加入 2 克盐、1/2 茶匙料酒、3 毫升生抽拌匀，腌制 15 分钟，沥干水分。

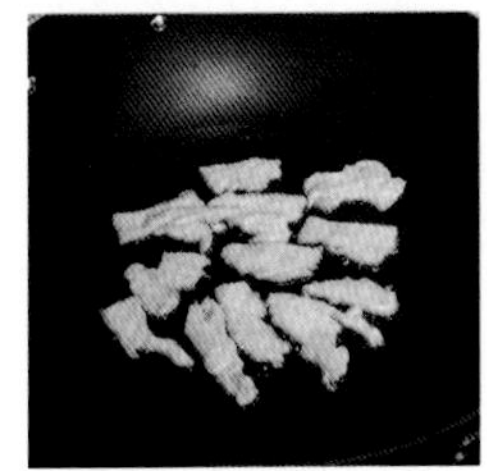

6. 平底锅中放入一半橄榄油加热，放入鸡胸肉，小火煎至两面金黄，盛出备用。

7. 鸡腿菇洗净切片，平底锅中放入剩下的橄榄油，小火煎至两面焦香，撒上 1 克盐和少许黑胡椒粉，盛出备用。

8. 煮好的米饭盛入碗中，将腌制好的黄瓜、煎好的鸡胸肉和鸡腿菇，以及煮熟的鸡蛋分别整齐地铺在米饭上即可。

烹饪秘籍

这道主食食材丰富，但做法并不复杂，需要一些耐心即可。

营养贴士

低油的烹饪方式，让众多食材最大限度地保留了本身的营养物质，并最大限度地得到了丰富的口感。蛋白质、维生素的组合，让这道主食不管是在口感上，还是在膳食营养上，都非常完善。

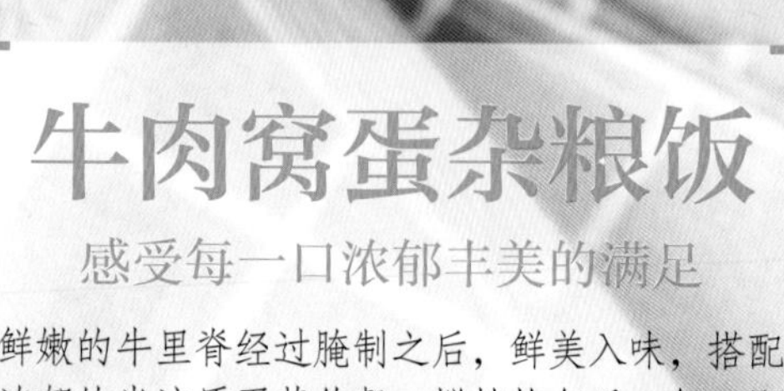

牛肉窝蛋杂粮饭

感受每一口浓郁丰美的满足

鲜嫩的牛里脊经过腌制之后，鲜美入味，搭配浓郁的半流质蛋黄佐餐，搅拌均匀后，每一颗米粒都散发着蛋黄的香气，非常可口。

烹饪时间：40 分钟 / 难度：普通

参考热量

食材	热量（千卡）
牛里脊 100 克	107
鸡蛋 1 个（55 克）	75
大米 50 克	173
糙米 50 克	174
合计	529

主料

牛里脊 100 克，鸡蛋 1 个，大米 50 克，糙米 50 克

辅料

料酒、生抽、盐各 1 茶匙，葱花、黑胡椒粉各少许

做法

1. 牛里脊剁成肉末，加入料酒、生抽、盐搅拌均匀，腌制 20 分钟。

2. 大米、糙米洗净后放入碗中，加入适量清水，入蒸锅大火蒸至米饭成型。

3. 打开蒸锅的锅盖，迅速将腌制好的牛肉末均匀地盖在米饭上，继续蒸至牛肉熟透。

4. 打开蒸锅锅盖，将牛肉中间挖一个凹槽，打入鸡蛋。

5. 在鸡蛋上撒上少许黑胡椒粉，盖上锅盖焖 3 分钟左右。

6. 出锅后在杂粮饭表面均匀地撒上少许葱花作为装饰即可。

营养贴士

牛肉中的蛋白质和铁元素含量较高，脂肪含量较低，是减脂健身期间非常好的营养来源。

烹饪秘籍

1. 也可以用电饭锅进行烹煮，步骤一样。
2. 第 4 步中焖鸡蛋的时间可以根据自己的喜好调整。若喜欢吃溏心蛋，则将焖煮时间缩短，喜欢熟一点的，则延长焖煮时间。
3. 吃的时候可以根据个人口味加入辣椒酱、生抽等进行调味。

黑土地朴实的美味回馈

土豆富含膳食纤维和维生素，通过合理烹饪，不但能满足身体所需的能量，而且热量很低，吃起来香脆可口，风味十足。

烹饪时间：30 分钟 / 难度：普通

参考热量

食材	热量（千卡）
土豆 120 克	97
鸡蛋 1 个（55 克）	75
糯米粉 30 克	105
橄榄油 5 克	45
合计	322

主料

土豆 120 克，鸡蛋 1 个，糯米粉 30 克

辅料

盐 1 茶匙，葱花 20 克，橄榄油 5 克

烹饪秘籍

可以根据自己的喜好添加其他调味料。

做法

1. 土豆洗净，削皮，切成小块，上锅蒸熟至软烂。

2. 土豆放凉后用勺子压或用料理机打成泥。

3. 在土豆泥中加入鸡蛋、糯米粉、盐、葱花混合均匀。

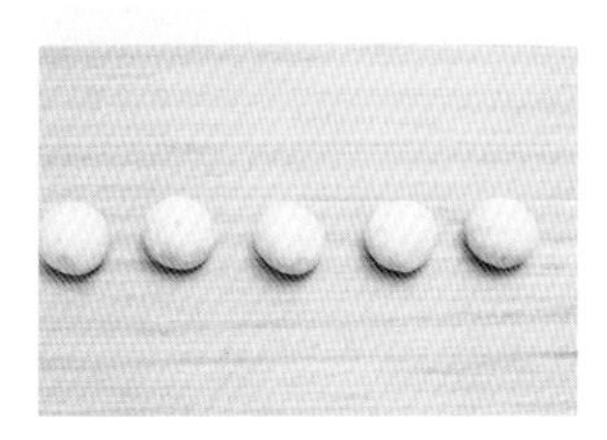

4. 将做好的土豆面团均匀地揉成球状。

5. 在平底锅内均匀地喷上一层橄榄油加热，将揉好的土豆球放入平底锅中，轻轻按扁。

6. 用小火煎至土豆饼两面金黄即可。

营养贴士

土豆含有大量淀粉、膳食纤维、钾和 B 族维生素，蒸煮过后的土豆是很好的主食替代品。薯类食物应该经常出现在我们的餐桌上。

日出蛋培根三明治

感受元气满满的早晨

非常富有想象力的造型，鲜嫩的鸡蛋被融入香脆绵软的吐司中，造型可爱漂亮，加入自己喜欢的蔬菜、肉类，就是一顿养颜、有特色的早餐了。

烹饪时间：20 分钟 / 难度：普通

参考热量

食材	热量（千卡）
全麦吐司 2 片（90 克）	212
鸡蛋 1 个（55 克）	75
培根 1 片（20 克）	36
合计	323

主料

全麦吐司 2 片，鸡蛋 1 个，培根 1 片，番茄 10 克，生菜 1 片

辅料

黑胡椒粉少许

做法

1. 番茄洗净后切成圆形薄片，生菜洗净掰断。

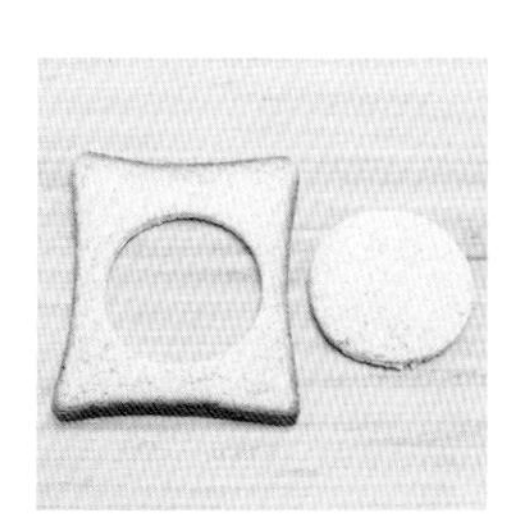

2. 取一片全麦吐司，将吐司中间用模具挖掉一个圆形。

3. 加热平底锅，放入培根，小火煎至微焦，盛出培根备用。

4. 平底锅煎培根后余下的油脂继续加热，放入挖空的吐司，转小火煎制。

5. 在吐司的空心部位打入鸡蛋，撒上少许黑胡椒粉，小火煎至鸡蛋凝固。

6. 将煎好的吐司平铺在案板上，放上生菜、培根、番茄片，盖上另一片全麦吐司。

7. 将三明治对切成两个三角形即可。

1. 吐司的边经煎制后的口感非常香脆，建议保留。
2. 一片煎制后的香脆吐司，搭配一片柔软的原味吐司，口感更加丰富。

这道主食将维生素、矿物质、脂类、蛋白质、碳水化合物进行了合理搭配，营养丰富、全面，满足身体一天的能量所需。

鸡蛋全麦吐司碗

像法式甜点带来的浪漫气息一般

用容器定型之后的吐司形成花苞状，别具一格的造型非常醒目。牛油果香浓细腻的口感搭配酸酸甜甜的圣女果，新鲜清爽，既可饱腹又不会给肠胃带来负担。

推荐搭配菜品：第五章“青瓜苹果胡萝卜汁”

烹饪时间：20 分钟 / 难度：简单

参考热量

食材	热量（千卡）
全麦吐司 2 片（90 克）	212
鸡蛋 1 个（55 克）	75
圣女果（20 克）	5
牛油果（50 克）	85
合计	377

主料

全麦吐司 2 片，鸡蛋 1 个，圣女果 20 克，牛油果 50 克

辅料

黑胡椒粉、盐各少许

做法

1. 鸡蛋磕入碗中，加入少许盐和黑胡椒粉，打散成蛋液。

2. 圣女果洗净后对半切开。

3. 牛油果去皮去核，切成小丁备用。

4. 将全麦吐司均匀裹满蛋液，斜着垫入容器底部，贴合容器的形状。

5. 烤箱预热至 180℃，将吐司碗放入烤盘中，烤制 5 分钟至吐司定型。

6. 取出吐司碗，将圣女果和牛油果放入吐司碗中，撒上黑胡椒粉即可。

牛油果含有丰富的膳食纤维和人体所需的微量元素，富含叶酸，因为口感香浓细滑，被称为“植物牛油”，搭配吐司面包，是极佳的选择。

烹饪秘籍

盛放吐司的容器可以用小饭碗，也可以用烘焙小模具，只要能起到将吐司定型的作用就可以。

蔬菜豆腐小煎饼

老豆腐也要小清新

老豆腐煎香之后，散发出浓郁的豆香。加入面粉，煎出来的小饼表皮微黄，外酥里嫩，唇舌之间偶尔还能感受到胡萝卜的脆甜，口感非常丰富。

烹饪时间：30 分钟 / 难度：简单

参考热量

食材	热量(千卡)
老豆腐 200 克	188
西蓝花 50 克	18
胡萝卜 50 克	16
鸡蛋 1 个(55 克)	75
面粉 30 克	110
橄榄油 5 克	45
合计	452

主料

老豆腐 200 克，西蓝花 50 克，胡萝卜 50 克，鸡蛋 1 个，面粉 30 克

辅料

盐 1 茶匙，橄榄油 5 克，黑胡椒粉少许

烹饪秘籍

1. 老豆腐相对口感紧实，不要购买绢豆腐等过于细嫩的豆腐，否则煎制的时候不容易成型。
2. 加入少许面粉是为了让煎饼成型。
3. 搅拌面糊的时候，要避免用力过猛。

做法

1. 将鸡蛋磕入碗中，用力打散成蛋液；西蓝花洗净、切碎；胡萝卜洗净、去皮、切碎。

2. 老豆腐放入碗中，轻轻捣碎，不要过度搅拌。

3. 在老豆腐中依次加入蛋液、面粉，轻轻搅成蛋糊。

4. 将西蓝花碎、胡萝卜碎、盐、少许黑胡椒粉依次加入蛋糊中，轻轻搅拌均匀。

5. 在平底锅中加入橄榄油烧热，舀一勺蔬菜豆腐糊放入平底锅中，摊成小圆饼。

6. 依照上述方法将剩余的蔬菜豆腐糊一勺一勺地放入平底锅中，小火将圆饼煎至两面金黄即可。

营养贴士

这款蔬菜豆腐小煎饼含有丰富的动植物蛋白、维生素、钙、膳食纤维和碳水化合物，在总热量较低的同时，给人体提供了必需的能量和足够的营养。

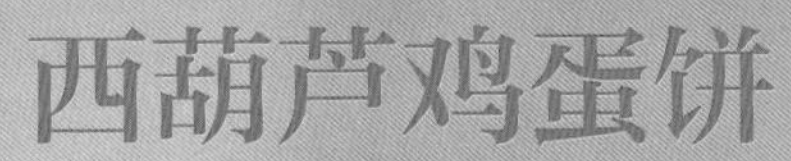

西葫芦鸡蛋饼

夏季最清爽的一抹嫩绿

清甜的西葫芦，口感非常柔嫩，生吃都好吃，稍加烹调，加入面饼中，为普通的鸡蛋饼增添了自然的滋味。

推荐搭配菜品：第三章“冬瓜排骨汤”

烹饪时间：30 分钟 / 难度：普通

参考热量

食材	热量（千卡）
西葫芦 250 克	48
鸡蛋 2 个 (110 克)	150
面粉 50 克	183
橄榄油 3 克	27
合计	408

主料

西葫芦 250 克，鸡蛋 2 个，面粉 50 克

辅料

橄榄油 3 克，盐、香葱各少许

做法

1. 西葫芦洗净后切丝，放少许盐腌制 5 分钟。

2. 鸡蛋磕入碗中，打散成蛋液；香葱洗净后切成葱花。

3. 在蛋液中加入面粉、西葫芦丝、盐、葱花、橄榄油，搅拌均匀成面糊。

4. 如果面粉太稠，适量加一些清水，以用勺子舀起面糊能滴落为准。

5. 加热平底锅，舀入一勺面糊，均匀摊成饼状。

6. 转小火，待面饼煎至变色有香味时，再翻面煎熟即可。

营养贴士

西葫芦的水分充足，清甜柔嫩，含有丰富的膳食纤维，能助消化。

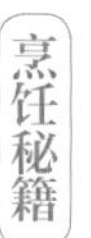

吃的时候可以卷上自己喜欢的蔬菜或其他食材，也可以直接吃。

第三章

花样菜肴与汤粥

烹饪时间：30 分钟 / 难度：简单

参考热量

食材	热量（千卡）
鸡胸肉 150 克	271
辣椒油 3 克	27
合计	298

香辣凉拌鸡丝

简单易做的快手健身餐

主料

鸡胸肉 150 克

辅料

盐 1/2 茶匙，生抽、料酒各 1 茶匙，辣椒油 3 克，香菜末少许

鸡胸肉总是用水煮，实在太单调。用香辣凉拌的做法，大大地提升了幸福感。开胃好吃，低脂低热量。

做法

1. 鸡胸肉切长条，加入生抽、料酒腌制 15 分钟。

2. 将鸡胸肉放入滚水中煮 3 分钟左右至熟透。

3. 煮好的鸡胸肉捞出沥干水分，微凉后撕成细丝。

4. 鸡胸肉丝中加入盐、辣椒油搅拌均匀，撒上少许香菜末调色即可。

营养贴士：鸡胸肉作为减脂健身餐的良好食材，含有大量的蛋白质，并且能较长时间地提供饱腹感。

烹饪秘籍：鸡胸肉若不方便用手撕，也可以用刀切成较细的条。

凉拌黑木耳

鲜嫩可口，酸辣开胃

鲜嫩、脆爽是黑木耳富有特色的口感，搭配酸酸辣辣的料汁，佐以开胃的蒜泥，就成为了一道酸辣可口、热量极低的经典凉拌菜肴。

烹饪时间：50 分钟 / 难度：简单

参考热量

食材	热量（千卡）
干木耳 10 克	26
植物油 8 克	72
白糖 3 克	12
合计	110

主料

干木耳 10 克

辅料

小米辣 2 根，植物油 8 克，花椒油、生抽、陈醋各 1/2 茶匙，盐 1/3 茶匙，白糖 3 克，蒜泥适量

做法

1. 干木耳用清水浸泡 30 分钟。

2. 锅内放入清水烧开，放入木耳焯一下，捞出沥干。

3. 小米辣切小段，小米辣、蒜泥放入小碗中拌匀，烧 1 勺热油淋在上面，炝出香味。

4. 在蒜泥碗中加入陈醋、生抽、盐、白糖、花椒油搅拌均匀，制成料汁。

5. 将料汁倒入木耳中拌匀，装盘即可。

营养贴士

黑木耳肉质细腻、脆滑爽口，营养非常丰富，且脂肪含量低，所含的膳食纤维可以促进肠蠕动，所含的多糖类物质能帮助提高免疫力，再搭配低热量的料汁，好吃不发胖。

烹饪秘籍

可以购买小朵品种的黑木耳，泡发后自然呈现小朵状，不需要再撕开。

田园三剑客

鲜甜可口的玉米、脆爽的胡萝卜和香浓馥郁的松子搭配在一起，颜色清新明亮，口感协调，即便是素炒，也是下饭的好菜。

烹饪时间：20 分钟 / 难度：普通

参考热量

食材	热量(千卡)
玉米粒 100 克	66
胡萝卜 100 克	32
松仁 30 克	166
植物油 5 克	45
合计	309

主料

玉米粒 100 克，胡萝卜 100 克，松仁 30 克

辅料

生抽、淀粉各 1 茶匙，植物油 5 克，盐 3 克，香葱少许

做法

1. 胡萝卜洗净后去皮切丁，香葱洗净后切末。

2. 淀粉中加入少许清水，搅拌均匀，做成水淀粉备用。

3. 锅内加入少许植物油烧热，放入一半的葱末爆香。

4. 锅内倒入玉米粒、胡萝卜丁和松仁，加入盐翻炒。

5. 炒出香味后，加入少许生抽调味，翻炒至熟。

6. 快起锅时，倒入水淀粉搅拌均匀。

7. 关火，盛出后撒上剩下的葱末进行装饰即可。

烹饪秘籍

若喜欢清爽的口感，可以不加水淀粉。

营养贴士

玉米粒和胡萝卜带来了丰富的维生素和膳食纤维，松子中富含不饱和脂肪酸和大量人体所需的矿物质、维生素和磷脂，能弥补平时精细主食中缺乏的营养素。

把烧烤摊搬到家里来

茄子肉质细嫩肥美，但是如果用炒制的方式，需要非常多的油，并不健康。用微波炉加工茄子，可以减少油类的添加，并且能够获得和烧烤接近的风味，好吃、营养、不发胖。

烹饪时间：30 分钟 / 难度：简单

参考热量

食材	热量（千卡）
紫皮大茄子 1 个（200 克）	46
香菇 2 朵	6
玉米油 5 克	45
合计	97

主料

紫皮大茄子 1 个，香菇 2 朵，大蒜 1 头

辅料

小米辣 1 根，玉米油 5 克，生抽、蚝油各 1 茶匙，盐、孜然粉各 1/2 茶匙，葱花少许

烹饪秘籍

小米辣的量可以根据个人口味调整，也可以不放。

做法

1. 茄子洗净，放入微波炉用高火加热 6 分钟。

2. 香菇、小米辣洗净去蒂切碎，大蒜剥皮剁成蒜蓉。

3. 平底锅里倒入玉米油加热，倒入蒜蓉、香菇碎，中小火翻炒 1 分钟。

4. 在锅内加入生抽、蚝油、盐、孜然粉，炒香成馅料。

5. 茄子用微波炉加热到发软后，用手撕开，填入炒好的馅料。

6. 将茄子再次放入微波炉，大火加热 5 分钟，取出后撒上小米辣碎和葱花即可。

营养贴士

茄子含有丰富的维生素、矿物质和膳食纤维，尤其含有维生素 P，热量低，有降低胆固醇、软化血管和抗衰老的作用。

夏季必备的祛暑开胃好菜

翠绿清爽的食材搭配，让人食欲大开。苦瓜经过腌制后，苦味降低，口感相对变得柔和，符合大众的口味。

烹饪时间：40 分钟 / 难度：普通

参考热量

食材	热量（千卡）
猪里脊 150 克	232
苦瓜 1 根（150 克）	33
合计	265

主料

猪里脊 150 克，苦瓜 1 根

辅料

料酒、生抽各 1 茶匙，盐 5 克，葱花少许

烹饪秘籍

1. 可以根据个人口味，在肉馅中加入其他调味料，比如五香粉或辣椒粉等。
2. 苦瓜经过腌制之后，可以去除一些苦味。

做法

1. 猪里脊洗净，沥干水分，剁成肉泥。

2. 在猪肉泥中加入料酒、生抽、2 克盐、葱花搅拌均匀，制成肉馅。

3. 苦瓜洗净，去蒂，切成圆柱状的小段，掏空瓤。

4. 在苦瓜筒上均匀地撒上 3 克盐，腌制 10 分钟，沥干水分备用。

5. 在腌制好的苦瓜筒中填入肉馅。

6. 蒸锅内倒入清水，放入苦瓜筒，水开上汽后，大火蒸 15 分钟即可。

苦瓜祛暑败火，清凉解毒，非常适合在夏天食用。

烹饪时间：20 分钟 / 难度：简单

参考热量

食材	热量（千卡）
西蓝花 200 克	72
橄榄油 5 克	45
合计	117

主料

西蓝花 200 克

辅料

蒜蓉 10 克，盐 1/2 茶匙，橄榄油 5 克，生抽 1 茶匙

营养贴士 西蓝花的蛋白质含量非常高，维生素、微量元素硒、萝卜硫素的含量也高于一般蔬果，非常适合减肥、健身人群食用。

西蓝花清甜爽脆，从最简单的水煮白灼，到豪华的摆盘装饰，变化多端。这道菜的做法非常简单，是既好吃又营养的快手菜。

烹饪秘籍

1. 西蓝花用掰开的方式处理，比用切开的方式更能减少碎末。
2. 锅内如果太干，可以沿着锅边浇一点开水。

做法

1. 西蓝花洗净，掰成小块。

2. 锅内倒入橄榄油烧热，放入蒜蓉炒香。

3. 放入西蓝花略加翻炒，加盐，翻炒 2 分钟。

4. 起锅时洒上生抽进行调味即可。

烹饪时间：40 分钟 / 难度：普通

参考热量

食材	热量（千卡）
油豆皮 1 张（40 克）	179
猪肉糜（瘦肉）200 克	286
合计	465

主料

油豆皮 1 张，猪肉糜（瘦肉）200 克

辅料

生抽、料酒各 1 茶匙，葱花 10 克，盐 1/2 茶匙，十三香少许

营养贴士 油豆皮含有丰富的蛋白质，易于被人体所吸收，还含有大量的氨基酸和人体所需的微量元素，能增强体质。

豆皮瘦肉卷

豆香四溢的高蛋白小菜

做法

1. 猪肉糜放入盆中，加入生抽、料酒、盐、十三香、葱花（留一点葱花作装饰用），沿着一个方向搅拌均匀，制成猪肉馅。

2. 将油豆皮摊开，均匀地铺上猪肉馅，稍稍用力卷成紧一点的豆皮卷，放入盘中。

3. 蒸锅内倒入清水，将豆皮卷放入蒸笼，大火蒸 15 分钟。

4. 蒸好的豆皮卷稍晾凉后，取出切成小段，摆入盘中，撒上葱花作为装饰即可。

蒸好后的油豆皮，豆香浓郁，富有嚼劲。猪肉馅中加入多种香料，非常入味，蒸制之后鲜美弹牙，汤汁丰美。豆皮卷切成小段后，摆盘更好看，是朋友聚会小酌的一道好菜。

烹饪秘籍

1. 油豆皮要购买大块整张的。
2. 若喜欢吃辣椒的，可以在肉馅中加入辣椒粉进行调味。

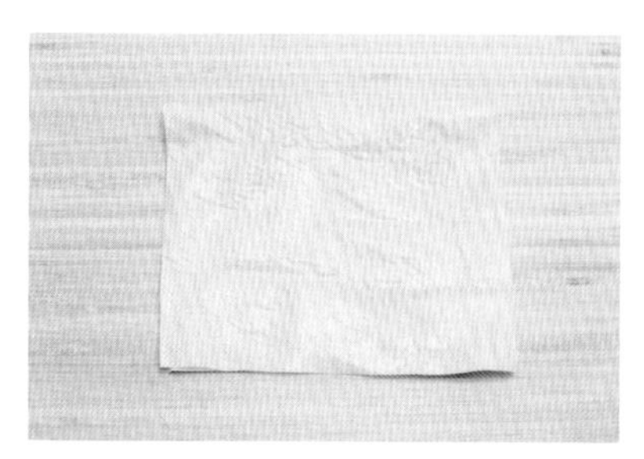

秋葵培根卷

聚会小酌的佐餐好菜

培根经过煎制，焦香扑鼻。淡红的肉卷裹住嫩绿的秋葵，外焦里嫩，精致小巧的造型很适合请客摆盘。

烹饪时间：20 分钟 / 难度：简单

参考热量

食材	热量（千卡）
培根 100 克	180
秋葵 200 克	50
合计	230

主料

培根 100 克，秋葵 200 克

辅料

黑胡椒粉少许

烹饪秘籍

1. 培根本身含有油脂和盐分，因此在锅内煎制时不需要额外放油和调料。
2. 秋葵易熟，因此培根煎香后便可以起锅。
3. 同样的方法，也可以举一反三地将秋葵替换成金针菇等方便卷成卷的其他蔬菜食材。

做法

1. 秋葵洗净，切掉两端，保留中段。

2. 将培根对半切成两段。

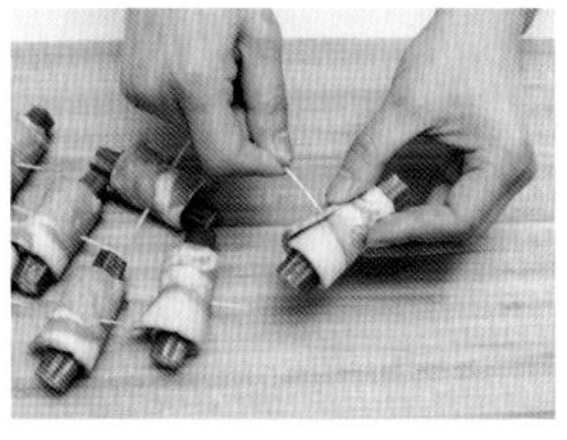

3. 一片培根包裹住一节秋葵，用两根牙签从培根表面穿过秋葵，将小卷固定住。

4. 加热平底锅，放入培根卷，小火煎至培根焦香出油。

5. 煎好的培根卷摆入盘中。

6. 撒上少许黑胡椒粉调味即可。

营养贴士

培根属于烟熏肉的一种，蛋白质含量较高。购买的时候仔细查看包装上的营养成分表，低脂的培根，脂肪含量低，但能提供较强的饱腹感，是适合制作健身餐的食材。

黑椒牛排

让身体瞬间充满电

烹饪时间：70 分钟 / 难度：简单

推荐搭配菜品：第三章“蒜香西蓝花”

参考热量

食材	热量（千卡）
牛排 200 克	180
黄油 5 克	45
合计	225

主料

牛排 200 克

辅料

黄油 5 克，盐 2 克，黑胡椒粉适量

营养贴士

牛肉含有丰富的蛋白质和人体所需的氨基酸等营养素，多吃能增强体质，补充体力。

牛排鲜嫩可口，和黑胡椒是经典搭配。用黄油煎制后肉香浓烈，汁水馥郁，撒上少许黑胡椒粉，令人食欲大增。

烹饪秘籍

1. 牛排敲松、腌制的过程很重要，这样可以使牛排入味。
2. 要用大火短时煎制，使得牛排内部的水分可以瞬间被锁住，口感更为细嫩。
3. 若喜欢吃熟一点的，可以延长煎制时间，煎制时微微调小火力。

做法

1. 牛排解冻，用刀背敲松肉质。

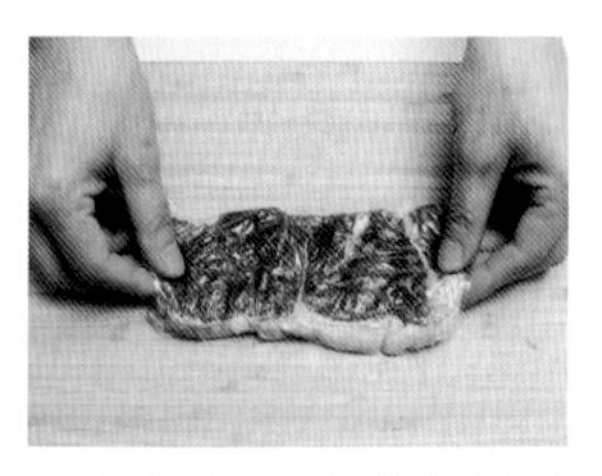

2. 在牛排的表面均匀地撒上盐，再撒一层黑胡椒粉，用保鲜膜包住，腌制 1 小时。

3. 平底锅中放入黄油，加热至熔化，放入腌制好的牛排，大火煎制。

4. 牛排的一面煎制 1 分钟，翻面，再煎制 1 分钟即可。

烹饪时间：30 分钟 / 难度：简单

清蒸巴沙鱼

用最简单的方式保留风味

参考热量

食材	热量(千卡)
巴沙鱼 200 克	136
合计	136

主料

巴沙鱼 200 克

辅料

料酒、生抽各 2 茶匙，剁红椒、葱花、胡椒粉各少许

营养贴士 巴沙鱼营养丰富，富含蛋白质、维生素和钙，热量非常低，多吃可以增强体质。

做法

1. 巴沙鱼解冻，洗净，沥干水分，切成大块放入盘中。

2. 将巴沙鱼块用生抽、剁红椒、料酒腌制 15 分钟。

3. 蒸锅内放入清水烧开，放入巴沙鱼，大火蒸 12 分钟。

4. 出锅后撒上胡椒粉、葱花即可。

巴沙鱼肉质细嫩，刺少，味道鲜美，适用于各种不同的烹饪方式，如酸菜鱼、鱼羹等，但是加入少许调料清蒸，是最简单、最能保留营养物质的做法。

烹饪秘籍 剁红椒起提辣的作用，可以根据自己的喜好增减用量，或者不放。

紫薯珍珠丸子

香甜粉糯，非常可爱

香甜软糯的紫薯加入了牛奶后，多了一股奶香，裹上一层糯米蒸制之后，又增添了富有嚼劲的口感。

烹饪时间：40 分钟 / 难度：普通

参考热量

食材	热量（千卡）
紫薯 200 克	212
糯米 50 克	175
脱脂牛奶 100 毫升	33
合计	420

主料

紫薯 200 克，糯米 50 克

辅料

脱脂牛奶 100 毫升

烹饪秘籍

制作紫薯泥的方法有很多，比如用勺子、料理机、搅拌器等，也可以直接用手捏。

做法

1. 糯米提前浸泡一晚，沥干水分备用。

2. 紫薯洗净后削皮，切成小块，放入蒸锅内蒸熟。

3. 蒸好的紫薯放入大碗中，用勺子压成紫薯泥。

4. 紫薯泥中加入脱脂牛奶，搅拌均匀，用手捏成汤圆大小的丸子。

5. 将捏好的紫薯球放入糯米中滚一下，让紫薯球的表面均匀地裹上糯米。

6. 蒸锅内加入清水，将做好的紫薯珍珠丸子放到蒸屉上，大火蒸 20 分钟左右，至紫薯珍珠丸子熟透即可。

紫薯的热量低、饱腹感强，并且富含粗纤维，能促进肠胃蠕动。

清蒸藕盒

夏季时令佳品

蒸制后的莲藕软糯香甜，吸收了肉馅中鲜美馥郁的汤汁，更加入味，是非常适合夏天的一道时令菜品。

烹饪时间：40 分钟 / 难度：普通

参考热量

食材	热量(千卡)
莲藕 2 节（250 克）	118
猪里脊 100 克	155
鸡蛋 1 个（55 克）	75
合计	348

主料

莲藕 2 节，猪里脊 100 克，鸡蛋 1 个

辅料

盐 4 克，料酒、生抽、姜末各 1 茶匙，水淀粉、葱花各少许

做法

1. 莲藕洗净削皮，去掉藕节，切成两指厚的藕片。

2. 藕片中间剖开一刀，做成藕夹。

3. 猪里脊剁成肉泥，放入不锈钢盆中，加入鸡蛋、2 克盐、料酒、姜末，顺时针用力搅拌上劲，调成肉馅备用。

4. 将调好的肉馅塞入藕夹的夹缝中，整齐地摆在盘中。

5. 蒸锅内加入清水，将藕盒放入蒸屉，大火蒸 15 分钟。

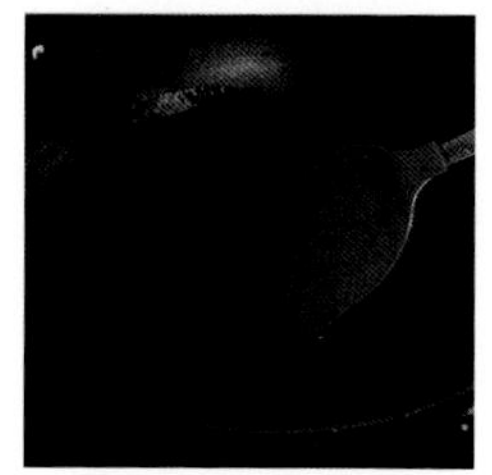

6. 锅内倒入约 100 毫升开水，加入 2 克盐、1 茶匙生抽，搅拌均匀烧开，洒入水淀粉调成芡汁。

7. 将芡汁浇在蒸好的藕盒上，撒上葱花即可。

烹饪秘籍

1. 猪肉选用里脊肉，热量相对较低。
2. 肉馅中可以根据个人的口味加入辣椒、花椒等调味品。
3. 莲藕的颜色和肉泥接近，蒸制之后浇上芡汁，再撒上葱花才更出色。

营养贴士

莲藕不仅富含膳食纤维，还是夏日里消暑解热的好食材。

小苦怡情的风味

微微带点苦味的芝麻叶，吃起来别具风味，拌入牛肉，再和酸甜可口的圣女果搭配，口感层次丰富，清新爽口。

烹饪时间：30 分钟 / 难度：简单

参考热量

食材	热量（千卡）
牛里脊 100 克	107
芝麻叶 100 克	18
圣女果 6 个	22
橄榄油 3 克	27
合计	174

主料

牛里脊 100 克，芝麻叶 100 克，圣女果 6 个

辅料

料酒、生抽、甜醋各 1 茶匙，盐 2 克，橄榄油 3 克

1. 用喷壶喷洒橄榄油，可以使橄榄油均匀地铺在平底锅中，减少用油量。
2. 芝麻叶可以从超市购买。

做法

1. 芝麻叶洗净，沥干水分，掰碎备用。

2. 圣女果洗净后对半切开。

3. 牛里脊切成小块，加入料酒、生抽、盐搅拌均匀，腌制 15 分钟，沥干水分备用。

4. 平底锅中用喷壶喷上一层橄榄油加热，放入腌制好的牛肉块，中火煎熟。

5. 将煎熟的牛肉块放入碗中，加入芝麻叶、圣女果，放入甜醋搅拌均匀即可。

芝麻叶营养丰富，含有大量的蛋白质、维生素和卵磷脂，多吃对皮肤也有好处。

卤牛肉

一劳永逸地吃肉

小火慢炖后的牛肉富有嚼劲，香浓入味，热量极低又饱腹。一次多做一些放入冰箱冷冻，吃的时候加热，省时省力，适合没有时间做饭的你。

推荐搭配菜品：第三章“凉拌黑木耳”

烹饪时间：60 分钟 / 难度：普通

参考热量

食材	热量（千卡）
牛肉 1000 克	1060
合计	1060

主料

牛肉 1000 克

辅料

八角、桂皮、花椒、干辣椒、盐各 10 克，料酒、生抽、老抽各 1 汤匙

做法

1. 牛肉洗净，切成 250 克左右的大块。

2. 将牛肉放入沸水中焯至变色，用凉水洗净浮沫。

3. 取一口大锅，放入两倍食材的清水烧开。

4. 在大锅内放入所有的辅料，大火烧开。

5. 将牛肉放入锅内，小火慢炖 1 小时左右。

6. 卤好的牛肉，吃的时候切片即可。

营养贴士

选择牛腱子肉，相对其他部位的牛肉来说，热量更低。

烹饪秘籍

1. 卤制的烹饪方式，保质时间较长，因此有条件的情况下，一次可以多做一点。放在冰箱里冷藏或者冷冻都可以，吃的时候拿出来加热。
2. 卤制牛肉的时间可以根据个人喜欢的口感酌情增减，30 分钟到 2 小时都可以。
3. 这一锅卤水可以卤毛豆、花生、鸡爪、鸭翅、猪蹄等。

低热量补能量的健身餐

胡萝卜和西蓝花提升了牛肉饼的口感和营养，且味道很不错。

烹饪时间：30 分钟 / 难度：普通

参考热量

食材	热量（千卡）
牛腱子肉 200 克	218
西蓝花 100 克	36
胡萝卜 50 克	16
香油 5 克	45
合计	315

主料

牛腱子肉 200 克，西蓝花 100 克，胡萝卜 50 克

辅料

生抽、料酒各 1 茶匙，香油 5 克，盐 3 克，葱花、黑胡椒粉各少许

烹饪秘籍

1. 顺时针搅拌肉馅，能使肉馅更有弹性。
2. 可以在馅料中根据自己的口味喜好增加佐料，比如辣椒粉、十三香、孜然粉等。

做法

1. 牛腱子肉洗净，剁成肉糜。

2. 西蓝花洗净切碎，胡萝卜洗净去皮切碎。

3. 将牛肉糜放入盆中，加入西蓝花碎、胡萝卜碎混合均匀。

4. 在盆中加入生抽、料酒、香油、盐、葱花、黑胡椒粉，顺时针搅拌上劲，制成肉馅。

5. 做好的肉馅捏成大小均匀的肉团备用。

6. 加热平底锅，将肉团放入锅中，轻轻按扁做成饼状，小火煎至两面金黄即可。

营养贴士

这道菜含有丰富的维生素、矿物质、膳食纤维和蛋白质，膳食营养全面，满足身体所需。

彩椒牛肉碗

“碗”都可以吃下去的美味

彩椒鲜艳的色彩和适合作容器的形状，非常适合搭配肉类进行烹制。两种食材搭配，不但营养丰富，而且造型可爱，让人食欲大增。

烹饪时间：40 分钟 / 难度：中等

参考热量

食材	热量（千卡）
牛里脊 200 克	214
红彩椒、黄彩椒、青椒各 1 个（100 克）	26
植物油 5 克	45
合计	285

主料

牛里脊 200 克，红彩椒、黄彩椒、青椒各 1 个

辅料

蒜蓉、姜末、生抽各 1 茶匙，植物油 5 克，盐 3 克，黑胡椒粉、葱花各少许

烹饪秘籍

1. 应选择个头较大、大小匀称的彩椒。
2. 牛肉也可以替换成其他肉类，比如猪肉。

做法

1. 两种彩椒和青椒洗净后对半剖开，去蒂，去瓤。

2. 牛里脊洗净，剁成肉糜。

3. 将牛肉糜、蒜蓉、姜末、生抽、盐、植物油倒入一个盆中，顺时针用力搅拌上劲，制成肉馅。

4. 在肉馅中加入黑胡椒粉、葱花，搅拌均匀。

5. 将肉馅填满红彩椒、黄彩椒和青椒的内部，整齐地摆入盘中。

6. 蒸锅内加水烧开，放入彩椒牛肉碗，大火蒸 15 分钟即可。

营养贴士

彩椒富含维生素、矿物质、膳食纤维、植物化学成分等多种营养物质，牛里脊脂肪含量低，含有丰富的蛋白质，荤素搭配，营养合理。

清蒸陈皮鲜肉丸

解腻开胃促消化

陈皮有着独特的气味和营养，香气开胃提神。将少许陈皮和牛肉一起蒸煮，牛肉完全吸收了陈皮的香味，好吃不腻，营养均衡。

烹饪时间：50 分钟 / 难度：普通

参考热量

食材	热量（千卡）
牛肉 250 克	268
猪五花肉 50 克	198
荸荠 5 个	50
合计	516

主料

牛肉 250 克，猪五花肉 50 克，干陈皮 1 片，荸荠 5 个

辅料

盐、料酒、生抽、淀粉各 1 茶匙，葱花少许

营养贴士 陈皮消食解腻，搭配肉类一起烹制，能化解肉类的油腻，让食物更易被人体消化吸收。

做法

1. 牛肉、猪五花肉洗净，分别剁成肉泥。

2. 干陈皮浸泡至软，切成碎末；荸荠削皮，切成碎末。

3. 将牛肉、猪五花肉、陈皮、荸荠放入一个盆中，加入盐、料酒，顺时针用力搅拌上劲。

4. 将肉馅捏成 25 克左右一个的肉丸，整齐地摆入盘中。

5. 蒸锅内倒入清水烧开，将做好的肉丸放入蒸笼，大火蒸 15 分钟。

6. 将淀粉和生抽搅拌均匀，做成淀粉汁。

7. 将蒸制过程中产生的肉丸的汤汁倒入锅内加热，加入淀粉汁，调制成浇汁。

8. 将调好的浇汁浇在蒸好的肉丸上，撒上葱花装饰即可。

烹饪秘籍

1. 荸荠又称马蹄，超市有售。其爽脆可口，是肉丸类菜品中常见的增味食材。
2. 蒸肉类食材时，要大火将水烧开后再上锅蒸，高温能瞬间锁住肉中的水分，令肉汁更丰盈。

酸汤牛肉

元气满满的一锅

用新鲜番茄熬制的酸汤，自然的酸香很下饭，连汤都非常开胃。可以根据自己的喜好添加各种配菜，是非常灵活方便的做法。

烹饪时间：40 分钟 / 难度：普通

参考热量

食材	热量（千卡）
牛腱子肉 200 克	218
番茄 300 克	45
金针菇 200 克	64
豆芽菜 200 克	32
花生油 8 克	72
合计	431

主料

牛腱子肉 200 克，番茄 300 克，金针菇 200 克，豆芽菜 200 克

辅料

小米辣、干红椒各 5 个，白醋 1 汤匙，花生油 8 克，生抽、盐、蒜蓉、姜末各 1 茶匙，葱花、胡椒粉各少许

营养贴士

蔬菜中富含多种维生素、矿物质和膳食纤维，搭配牛肉中的蛋白质，给身体提供长时间的饱腹感。

做法

1. 牛腱子肉洗净，切成薄片。

2. 金针菇洗净，切去根部备用；豆芽菜洗净；番茄洗净，切成小块；小米辣、干红椒洗净切碎。

3. 锅内倒入花生油加热，放入蒜蓉、姜末、小米辣碎、干红椒碎翻炒出香味。

4. 锅内放入番茄块，中小火炒至番茄出汁。

5. 在锅中倒入适量清水、白醋、生抽、盐搅拌均匀，大火烧开，做成番茄汤。

6. 在番茄汤中加入牛肉片，煮至牛肉变色。

7. 在锅中放入金针菇、豆芽菜，盖上锅盖焖煮 5 分钟。

8. 出锅时撒上葱花、胡椒粉即可。

烹饪秘籍

1. 汤汁可以用少许水淀粉勾芡，口感更爽滑。
2. 可以加入适量番茄酱，让酸味更加浓郁。

茄汁包菜牛肉卷

十足的自然风味

加入了各种蔬菜的牛肉泥，味道丰富，营养全面，腌制后十分入味。用鲜甜的包菜包裹起来，淋上用新鲜番茄熬制的番茄酱，十足的自然风味，酸甜可口，香浓多汁。

参考热量

食材	热量（千卡）
牛腱子肉 250 克	272
鸡蛋 1 个（55 克）	75
番茄 300 克	45
洋葱 100 克	40
玉米粒 100 克	66
胡萝卜 100 克	32
包菜叶 10 片（150 克）	36
合计	566

烹饪时间：60 分钟 / 难度：普通

主料

牛腱子肉 250 克，鸡蛋 1 个，番茄 300 克，洋葱 100 克，玉米粒 100 克，胡萝卜 100 克，包菜叶 10 片

辅料

盐、胡椒粉、料酒、生抽各 1 茶匙

做法

1. 包菜叶洗净，保留完整的大片，放入沸水中烫软，沥干水分备用。

2. 番茄洗净，切成小块；洋葱、胡萝卜洗净，切成小丁。

3. 牛腱子肉剁成肉泥，加入鸡蛋、玉米粒、洋葱丁、胡萝卜丁、盐、料酒、生抽，顺时针搅拌上劲，制成牛肉馅。

4. 番茄块放入料理机打碎成汁，放入锅中，用小火焖煮收汁成浓稠状态，制成番茄酱。

5. 将牛肉馅卷入包菜中，一片叶子卷一个牛肉卷，均匀地摆入烤盘中。

6. 在包菜卷上淋上番茄酱，用锡纸封住烤盘。

7. 烤箱预热至 180℃，放入烤盘，烤制 30 分钟左右。

8. 烤好的包菜牛肉卷，撒上胡椒粉即可。

1. 包菜又叫卷心菜、圆白菜，是很常见的蔬菜。
2. 牛腱子肉的脂肪含量较低，也可以用普通的牛肉替代。

牛肉富含蛋白质，脂肪少，是很好的减肥健身食材。搭配蔬菜后膳食营养结构非常合理。

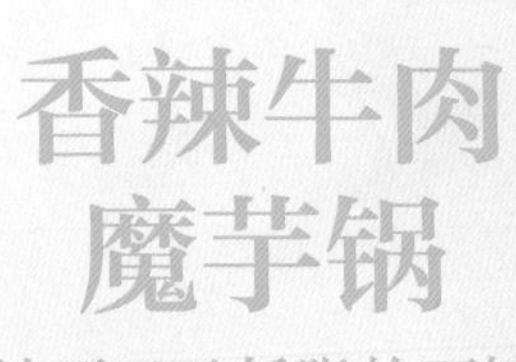

香辣牛肉魔芋锅

香辣可口又低脂的下饭菜

魔芋的饱腹感很强，热量极低，口感柔嫩顺滑。因为有着容易入味的特性，所以用丰富的调味配菜焖煮之后，香辣开胃，是一道既下饭又健康的菜肴。

烹饪时间：40 分钟 / 难度：普通

参考热量

食材	热量(千卡)
魔芋 300 克	24
牛里脊 100 克	107
花生油 10 克	90
合计	221

主料

魔芋 300 克，牛里脊 100 克

辅料

花生油 10 克，青蒜 2 根，大蒜 5 瓣，生姜片 10 克，干辣椒、小米辣各 5 根，盐、老抽各 1 茶匙

营养贴士

魔芋是热量极低但饱腹感很强的食材，能促进肠胃蠕动。

做法

1. 牛里脊洗净切薄片；魔芋切成细条。

2. 青蒜洗净切段；大蒜拍碎去皮；干辣椒、小米辣洗净切段。

3. 锅内加入清水烧开，放入魔芋条焯至变色，捞出沥干水分备用。

4. 锅内倒入花生油烧热，倒入大蒜、生姜片、干辣椒、小米辣炒香。

5. 锅内放入魔芋条，翻炒均匀。

6. 锅内倒入没过食材的清水，加入盐，搅拌均匀，中火焖煮至汤汁浓稠。

7. 锅内放入牛里脊片、青蒜段，大火爆炒出香味。

8. 沿着锅边洒上老抽，翻炒均匀即可。

1. 牛里脊易熟，最后下入翻炒，口感更为鲜嫩。
2. 魔芋经过焖煮才能更好地入味。

红烧牛蹄筋

胶原蛋白也可以重口味

经过炖煮之后的牛蹄筋，细腻软烂，入口即化，十分入味。并且可以根据自己的喜好，搭配上各种食材，灵活多变，好吃不腻。

烹饪时间：60 分钟 / 难度：普通

参考热量

食材	热量（千卡）
牛蹄筋 200 克	300
土豆 200 克	160
花生油 10 克	90
合计	550

主料

牛蹄筋 200 克，土豆 200 克

辅料

生姜 20 克，大蒜 5 瓣，料酒 1 汤匙，盐 6 克，花生油 10 克，酱油、五香粉各 1 茶匙，香菜适量

做法

1. 牛蹄筋洗净，切块；生姜削皮，切片。

2. 土豆洗净、削皮，切成大块；大蒜拍碎，去皮。

3. 将牛蹄筋放入高压锅内，倒入一碗清水，放入姜片、3 克盐，煮至高压锅上汽后，转中小火炖煮 20 分钟。

4. 煮好的牛蹄筋捞出备用，余下的汤水也盛出备用。

5. 锅内倒入花生油烧热，倒入大蒜炒香，放入土豆块翻炒。

6. 将牛蹄筋放入锅内，加入 3 克盐，沿着锅边淋入酱油，大火翻炒均匀。

7. 锅内倒入牛蹄筋汤，加入料酒搅拌均匀，盖上锅盖，中火煮至汤汁收汁，牛蹄筋软烂。

8. 起锅时撒上五香粉，翻炒均匀，撒上香菜即可。

烹饪秘籍

1. 牛蹄筋用高压锅能更快地炖煮软烂。
2. 土豆吸收了汤汁的鲜美，非常入味，也可以根据个人的喜好加入其他食材，比如胡萝卜、白萝卜等。
3. 可以根据自己的口味，增加其他调味料，比如辣椒粉等。

营养贴士

牛蹄筋富含胶原蛋白，脂肪含量很低，不含胆固醇，好吸收，肠胃虚弱的人也很适合食用。

韭黄炒鸡蛋

经典的家常小炒

韭黄鲜甜可口，吃起来口感略有韧劲，和鸡蛋一起大火翻炒出锅，是一道经典的家常菜。

烹饪时间：20 分钟 / 难度：简单

参考热量

食材	热量（千卡）
韭黄 300 克	72
鸡蛋 2 个（110 克）	150
花生油 10 克	90
合计	312

主料

韭黄 300 克，鸡蛋 2 个

辅料

盐、生抽各 1 茶匙，花生油 10 克

烹饪秘籍

1. 韭黄清甜，不需要放过多调料。
2. 韭黄洗净后，一定要沥干水分，否则在炒制的时候，一下锅就全是水汽了。

做法

1. 韭黄洗干净，沥干水分，切段备用。

2. 鸡蛋磕入碗中，打散成蛋液。

3. 锅内倒入花生油烧热，倒入蛋液，大火翻炒至蛋液凝固。

4. 锅内倒入韭黄，大火翻炒，和鸡蛋一起翻炒均匀。

5. 撒上盐，继续翻炒至韭黄微软。

6. 沿着锅边淋入生抽，大火翻炒出香气即可。

营养贴士

韭黄含有丰富的膳食纤维，能促进肠道蠕动，帮助排毒。

虾仁厚蛋烧

优质蛋白质组合

厚蛋烧的造型厚实可爱，口感香浓嫩滑，和朋友户外聚餐的时候也很方便外带。

烹饪时间：30 分钟 / 难度：普通

参考热量

食材	热量(千卡)
鸡蛋 3 个（165 克）	225
虾仁 100 克	48
脱脂牛奶 50 毫升	16
橄榄油 5 克	45
合计	334

主料

鸡蛋 3 个，虾仁 100 克，脱脂牛奶 50 毫升

辅料

料酒适量，橄榄油 5 克，盐 1/2 茶匙，葱花少许

营养贴士 虾仁、鸡蛋和牛奶都富含蛋白质，蛋白质能给人体提供能量，提高身体免疫力。

做法

1. 虾仁洗净，用料酒腌制 10 分钟。

2. 腌制好的虾仁沥干水分，切成小块。

3. 将鸡蛋磕入碗中，打散成蛋液。

4. 在蛋液中加入虾仁、脱脂牛奶、盐、葱花，搅拌均匀。

5. 平底锅中倒入橄榄油加热，舀 1 勺蛋液平摊在锅中。

6. 转小火，摊至蛋液稍微凝固时卷成蛋卷，移至锅中一侧。

7. 继续向锅中倒入蛋液，待蛋液稍微凝固后，将已经卷好的蛋卷再继续卷上新的蛋皮，卷成新的蛋卷。

8. 重复步骤 7，至蛋液用完，做成一个较大的蛋卷。盛出后切成小段即可。

烹饪秘籍

1. 要在蛋液稍微凝固的状态下操作，不要等到两面完全凝固，否则口感会干。
2. 还可以根据个人喜好，加入胡萝卜丁、火腿丁等其他食材。

蛤蜊鸡蛋羹

能闻到大海味道的布丁

蛤蜊味道鲜美，加入鲜嫩的鸡蛋羹中，嫩滑之余多了一丝鲜甜，营养价值也更高。

烹饪时间：30 分钟 / 难度：简单

参考热量

食材	热量（千卡）
鸡蛋 2 个（110 克）	150
蛤蜊 10 个（100 克）	62
合计	212

主料

鸡蛋 2 个，蛤蜊 10 个

辅料

料酒、薄盐生抽各 1 茶匙，盐 1/2 茶匙，葱花少许

烹饪秘籍

1. 蛋液过筛可以过滤掉其中的泡沫，蒸出的蛋羹表面光滑鲜亮。
2. 蛤蜊煮开口后冲水，可以洗掉内部的沙子。

做法

1. 蛤蜊洗净，放入沸水中焯一下，至蛤蜊开口。

2. 焯好的蛤蜊捞出冲一下冷水，沥干水分备用。

3. 鸡蛋磕入碗中打散，加入 150 毫升清水、盐、葱花、料酒，搅拌均匀，过筛。

4. 将蛤蜊摆入盘中，倒入蛋液，盖上保鲜膜，用牙签在保鲜膜上扎几个小孔。

5. 蒸锅内倒入清水，将蛤蜊鸡蛋液放入蒸笼，盖上锅盖，大火蒸 15 分钟。

6. 蒸好的蛤蜊鸡蛋羹淋上薄盐生抽即可。

营养贴士

蛤蜊中含有丰富的蛋白质和人体所需的矿物质及维生素。

土豆鸟巢

奇思妙想，拥抱自然的乐趣

利用土豆丝的形状特色做成鸟巢造型，再放入一个鸡蛋，不管是外形还是寓意，都非常贴合“鸟巢”这个主题。

烹饪时间：30 分钟 / 难度：普通

参考热量

食材	热量（千卡）
鸡蛋 2 个 110 克	150
土豆 150 克	122
橄榄油 10 克	90
合计	362

主料

鸡蛋 2 个，土豆 150 克

辅料

盐、胡椒粉各 1 茶匙，橄榄油 10 克，葱花少许，番茄酱适量

营养贴士

土豆含有丰富的淀粉，易消化，对肠胃功能有很好的恢复作用。

做法

1. 土豆洗净削皮，擦成细丝。

2. 将土豆丝放入沸水中焯软，捞出沥干水分，分成均匀的两份备用。

3. 鸡蛋磕入碗中，将蛋黄和蛋清分离。

4. 将蛋清打散，倒入土豆丝中，加入盐、葱花，搅拌均匀。

5. 平底锅中倒入橄榄油加热，取一份土豆丝放入锅中，均匀摊成圆饼状。

6. 将土豆丝中间轻轻地挖开一个洞，中小火慢煎，使土豆丝煎至空心圆圈状，定型。

7. 将 1 个蛋黄倒入土豆圈中心处，小火慢煎至熟，撒上胡椒粉。用同样的方法做好另一个。

8. 装盘后淋上番茄酱即可。

烹饪秘籍

1. 土豆丝用刀切或者用擦板擦成细丝都可以。
2. 鸡蛋的蛋黄与蛋清分离，可以使用专门的蛋清漏勺，如果没有，在将鸡蛋磕破壳的时候，左右手互相配合，用蛋壳接住蛋黄，让蛋清流入碗中即可。

剁椒芋头

香辣软糯，促进消化

湘菜的经典菜式，芋头中含有大量淀粉，口感软糯且容易入味。蒸制过程中，芋头吸收了剁椒的酸辣味，口感鲜香又开胃。

烹饪时间：40 分钟 / 难度：简单

参考热量

食材	热量（千卡）
小芋头 500 克	280
植物油 8 克	72
合计	352

主料

小芋头 500 克

辅料

植物油 8 克，剁椒 1 汤匙，豆豉 1 茶匙，盐 5 克，葱花少许

烹饪秘籍

1. 购买个头小一些的芋头，对半切开即可。
2. 芋头煮熟后再剥皮，能避免手部皮肤发痒。

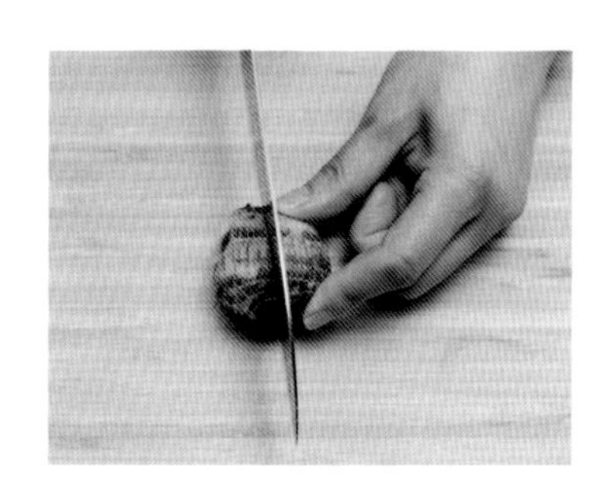

做法

1. 锅中倒入清水烧开，将芋头洗净后放入沸水中煮 5 分钟左右。

2. 将煮好的芋头剥皮，切成大块，放入碗中。

3. 将剁椒、植物油、豆豉和盐放入碗中混合均匀。

4. 混合好的调料淋在芋头块上，搅拌均匀。

5. 蒸锅内倒入清水，放入拌好的芋头，大火蒸 30 分钟左右，至芋头绵软。

6. 在蒸好的芋头上撒上葱花即可。

营养贴士

芋头含有大量的粗纤维，饱腹感十足，能帮助肠胃做运动。

西蓝花赛螃蟹

魔术般的味觉体验

将蛋清和蛋黄分开进行烹制，利用传统调料的奇妙组合，产生出来的味觉反应如同魔术般神奇。不管是从味道上还是外形上，都似蟹肉一般，非常独特。

烹饪时间：30 分钟 / 难度：简单

参考热量

食材	热量（千卡）
鸡蛋 2 个（110 克）	150
西蓝花 100 克	36
花生油 10 克	90
白糖 10 克	40
合计	316

主料

鸡蛋 2 个，西蓝花 100 克

辅料

姜蓉 10 克，白糖 10 克，白醋、料酒各 1 汤匙，盐 1 茶匙，花生油 10 克

做法

1. 将姜蓉、白糖、白醋、料酒、盐放入一个碗中搅拌均匀，制成糖醋汁。

2. 西蓝花洗净，放入沸水中焯熟，盛出沥干水分。

3. 将西蓝花切成小块，在盘中摆出造型。

4. 将鸡蛋的蛋黄和蛋清分别磕入两个碗中，用力打散成蛋液。

5. 锅内倒入花生油烧热，倒入蛋清，迅速用筷子划散，半凝固状态时，加入一半糖醋汁搅拌均匀，盛至盘中，在底部铺好。

6. 重新起锅，放入适量花生油，倒入蛋黄，迅速用筷子划散，倒入剩下的糖醋汁，搅拌均匀，关火，盛出，铺在蛋清上即可。

营养贴士

鸡蛋的营养非常丰富，搭配西蓝花所含的膳食纤维和维生素，营养很全面。

烹饪秘籍

1. 炒制蛋清和蛋黄的时候需要注意火候，一定要在半凝固状态的时候倒入糖醋汁，然后立即关火，否则火候一过，鸡蛋就会失去嫩滑的口感。
2. 白醋、香醋、陈醋均可以互相替换。

蒜蓉焗花甲

一高两低，好吃下饭

花甲易入味，且低热量、低脂肪、高蛋白，口感柔嫩又有韧劲，搭配蒜蓉爆炒，蒜香浓郁，鲜美可口，是非常下饭的一道菜。

烹饪时间：30 分钟 / 难度：简单

参考热量

食材	热量（千卡）
花甲（带壳）500 克	93
蒜蓉 20 克	26
花生油 10 克	90
合计	209

主料

花甲（带壳）500 克，蒜蓉 20 克

辅料

青蒜 2 根，小米椒 2 根，盐 1 茶匙，料酒、生抽、老抽各 1 汤匙，花生油 10 克

注：500 克的带壳花甲，可食用部分约为 150 克，热量约 93 千卡。

做法

1. 花甲洗净；青蒜洗净切段；小米椒洗净去蒂，切碎。

2. 锅内放入清水烧开，放入花甲焯水至开壳，过冷水洗净，沥干水分备用。

3. 锅内倒入花生油烧热，倒入蒜蓉、小米椒碎，大火爆香。

4. 倒入花甲翻炒，沿着锅边倒入生抽、老抽、料酒，撒上盐，翻炒均匀。

5. 加入青蒜段，继续翻炒。

6. 加入少许开水，转小火稍加焖煮至汤汁收干即可。

花甲含有丰富的蛋白质、矿物质、维生素和人体所需的氨基酸，对降低胆固醇和减肥有益。

蒜蓉、小米辣等调料的用量可以根据自己的口味酌情增减。

茄汁香煎龙利鱼

连汤汁都酸甜可口

龙利鱼肉质细嫩，无骨无刺，口感鲜嫩爽滑，久煮不烂，很适合烹饪新手。

烹饪时间：30 分钟 / 难度：普通

参考热量

食材	热量（千卡）
龙利鱼 200 克	106
番茄 1 个（300 克）	45
橄榄油 10 克	90
合计	241

主料

龙利鱼 200 克，番茄 1 个

辅料

盐、生抽、料酒各 1 茶匙，橄榄油 10 克，黑胡椒粉、葱花各少许

做法

1. 龙利鱼解冻，沥干水分，加入料酒腌制 15 分钟。

2. 番茄洗净，切块，用料理机打碎，做成番茄汁。

3. 平底锅内放入橄榄油烧热，放入龙利鱼，小火煎至定型。

4. 锅内倒入番茄汁，加入盐、生抽、黑胡椒粉，混合均匀。

5. 小火焖煮至汤汁浓稠，收汁，撒上葱花即可。

营养贴士

龙利鱼高蛋白、低脂肪，富含维生素和不饱和脂肪酸，是非常健康的食材。

烹饪秘籍

龙利鱼柳的成品在超市有售。

酸菜鱼片

酸辣入味，汤汁丰美

草鱼的肉质肥美，比起海鱼来说，口感更加富有嚼劲。加入酸菜同煮，酸辣开胃，让人食欲大增。

烹饪时间：40 分钟 / 难度：普通

参考热量

食材	热量（千卡）
草鱼肉片 300 克	339
酸菜 200 克	46
花生油 20 克	180
白芝麻 10 克	53
合计	618

主料

草鱼肉片 300 克，酸菜 200 克

辅料

花生油 20 克，泡椒 20 克，生姜 20 克，大蒜 3 瓣，白醋、料酒、生抽各 1 汤匙，盐 6 克，白芝麻 10 克，辣椒粉 10 克

营养贴士 草鱼含有丰富的不饱和脂肪酸和微量元素，对人体非常有益。多吃草鱼能开胃滋补、强身健体。

做法

1. 草鱼肉片用料酒腌制 15 分钟备用。

2. 酸菜洗净，切成小段；大蒜拍碎，去皮；生姜削皮，拍碎，切块。

3. 锅内倒入 10 克花生油烧热，放入姜块、大蒜炒香。

4. 锅内倒入酸菜、泡椒翻炒出香味，倒入适量开水。

5. 锅内加入白醋、盐，搅拌均匀，水开后，盖上锅盖，焖煮 5 分钟。

6. 加入草鱼肉片，大火煮 3 分钟左右至鱼肉熟透，洒上生抽，盛出。

7. 将白芝麻、辣椒粉集中放在酸菜鱼片中央。

8. 锅内倒入 10 克花生油加热至冒烟，趁热浇入碗中即可。

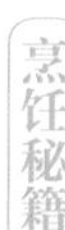

烹饪秘籍

1. 草鱼肉片可以在购买时要求商家处理好，也可以用其他能买到的成品鱼肉替代。
2. 最后浇热油的步骤，一定要趁热，以浇出“刺啦”的声响为佳。

洋葱烤鱿鱼

美滋滋地补充高蛋白

鱿鱼，或鲜嫩弹牙，或嚼劲十足，用洋葱搭配后进行烘烤，最大限度地提升了口感。

烹饪时间：70 分钟 / 难度：简单

参考热量

食材	热量（千卡）
鱿鱼 500 克	375
洋葱 100 克	40
橄榄油 10 克	90
合计	505

主料

鱿鱼 500 克，洋葱 100 克

辅料

大蒜 1 瓣，生姜 30 克，料酒、盐、辣酱各 1 茶匙，橄榄油 10 克

烹饪秘籍

1. 将鱿鱼切块烤制，方便食用，也更容易入味。
2. 烤制的时间可以灵活一些，如果喜欢柔嫩一点的，就烤 15 分钟，如果喜欢香脆一些的，就烤 25 分钟。

做法

1. 生姜去皮洗净，切成姜末。

2. 洋葱洗净，切碎；大蒜切成蒜蓉。

3. 鱿鱼洗净，切成块，用料酒、盐、部分姜末腌制 30 分钟。

4. 烤盘刷上一层橄榄油，摆好洋葱碎、蒜蓉、剩余的姜末，放入腌制好的鱿鱼。

5. 烤箱预热至 190℃，将烤盘放入烤箱中下层，烤 20 分钟。

6. 烤好后淋上辣酱即可。

营养贴士

鱿鱼高蛋白、低脂肪、低热量，含有多种微量元素，但是胆固醇含量相对较高。

虾仁滑蛋饼

看似小清新的经典主食

鸡蛋饼是极为经典且易做的主食，在嫩滑的蛋饼中加入新鲜弹牙的虾仁，增加了更多的蛋白质，口感也更加丰富。

烹饪时间：20 分钟 / 难度：简单

参考热量

食材	热量（千卡）
鸡蛋 2 个（110）克	150
虾仁 10 个	50
糯米粉 30 克	105
脱脂牛奶 100 毫升	33
橄榄油 8 克	72
合计	410

主料

鸡蛋 2 个，虾仁 10 个，糯米粉 30 克，脱脂牛奶 100 毫升

辅料

橄榄油 8 克，盐、葱花各适量

做法

1. 鸡蛋磕入碗中，打散成蛋液。

2. 虾仁洗净，切成小段，沥干水分备用。

3. 蛋液中加入糯米粉、脱脂牛奶搅拌均匀，做成蛋糊。

4. 在蛋糊中加入虾仁、葱花、盐，搅拌均匀。

5. 平底锅中放入橄榄油烧热，放入蛋糊摊成小圆饼。

6. 转小火将虾仁滑蛋饼煎至两面金黄即可。

营养贴士

虾仁富含蛋白质、钙元素和镁元素，热量较低，口感弹牙，是非常好的补钙减肥健身食材。

烹饪秘籍

糯米粉可以用面粉替代，让口感从香滑变得更有嚼劲些。

鸡蛋虾仁番茄杯

给菜式增添一些仪式感

用掏空的番茄作为容器，中间倒入蛋液和自己喜欢的配菜进行烘烤，不仅营养丰富，新鲜可口，而且造型美观，富有特色。

烹饪时间：40 分钟 / 难度：普通

参考热量

食材	热量（千卡）
番茄 500 克	75
鸡蛋 1 个（55 克）	75
虾仁 6 个	30
橄榄油 8 克	72
合计	252

主料

番茄 500 克，鸡蛋 1 个，虾仁 6 个

辅料

盐 1 茶匙，橄榄油 8 克，黑胡椒粉少许

做法

1. 番茄洗净去蒂，将顶部盖子处切开，掏空内部的瓤。

2. 鸡蛋磕入碗中打散成蛋液，加入虾仁、盐，搅拌均匀。

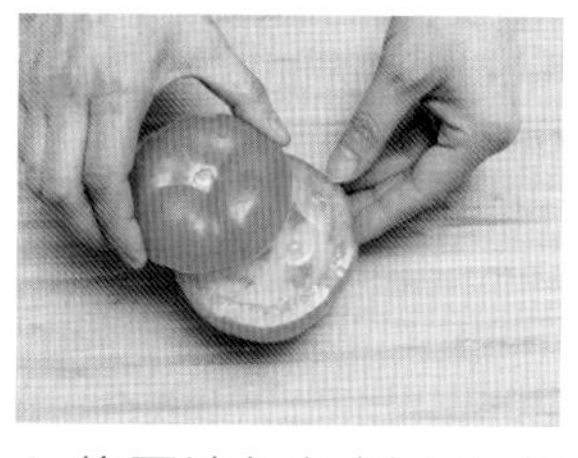

3. 将蛋液虾仁倒入番茄碗中，盖上番茄顶部的盖子。

4. 用刷子在番茄外层刷上一层橄榄油。

5. 烤箱预热至 200℃，将番茄放入烤盘，置于烤箱中烤 15 分钟，至番茄外皮焦软微缩。

6. 将番茄从烤箱中取出，打开番茄盖子，撒上少许黑胡椒粉即可。

番茄营养丰富，含有大量的维生素 C 和胡萝卜素，经过加热之后，会产生大量的番茄红素，有助消化和利尿的作用。

烹饪秘籍

1. 每个烤箱的性能不一样，仔细观察烤箱的具体情况，增减烘烤时间。
2. 可以在蛋液中增加自己喜欢的食材，比如火腿、芝士、肉糜等。

三文鱼头煲

金黄焦香，享受慢慢撕扯的满足感

三文鱼是非常美妙的食材，鱼肉丰腴鲜美，可以生吃，鱼头则最适合煎制，加入了丰富的辅料煲煮之后，入味三分，咀嚼起来口腔中伴有撕扯的感觉，十分过瘾。

烹饪时间：40 分钟 / 难度：普通

参考热量

食材	热量（千卡）
三文鱼头 400 克	500
花生油 15 克	135
合计	635

主 料

三文鱼头 400 克

辅 料

柠檬半个，青蒜 2 根，小葱 5 根，大蒜 5 瓣，生姜 10 克，花生油 15 克，料酒、生抽各 2 汤匙，淀粉 1 汤匙，盐 2 茶匙，辣椒粉 1 茶匙

营养贴士

三文鱼头含有丰富的不饱和脂肪酸，能有效降低甘油三酯和胆固醇。

做法

1. 三文鱼头洗净，去掉鱼鳃，沥干水分，切成大块备用。

2. 柠檬洗净，连皮擦成细丝；青蒜、小葱洗净，切成小段。

3. 大蒜拍碎，去皮；生姜削皮，切片。

4. 在三文鱼头上撒上 1 茶匙盐、辣椒粉腌制 1 小时，然后均匀地撒上淀粉裹匀。

5. 锅内倒入一半花生油，将裹好淀粉的三文鱼头用中小火煎至金黄焦香。

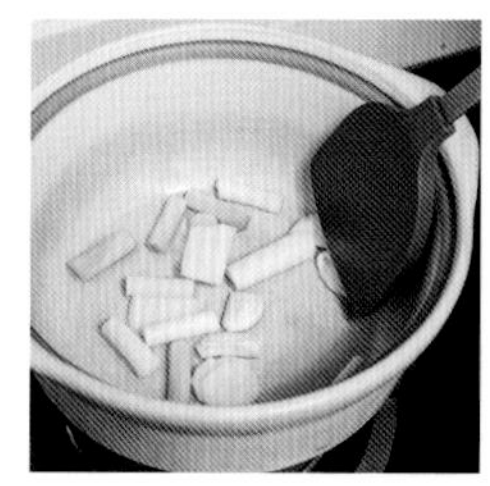

6. 取一口砂锅，倒入剩余的花生油烧热，放入大蒜、姜片、青蒜白色的部分炒香。

7. 将煎好的三文鱼头铺在佐料上，沿着锅边倒入料酒，撒上 1 茶匙盐，盖上锅盖，中小火焖煮至汤底收干。

8. 打开锅盖，放入柠檬丝，撒上小葱、剩余的青蒜，淋上生抽，稍微混合均匀即可。

1. 焖煮至砂锅底部微微焦香、但不煳锅的程度，口味更加香浓。
2. 若没有柠檬，也可以不放。
3. 可以根据自己的喜好，调整辣椒粉的分量。

蒜香粉丝蒸虾

高蛋白、高钙质的海鲜大餐

大虾开背后摆在餐盘中，造型非常大气。吃起来虾肉弹牙，粉丝浸透了汤汁的香浓和蒜蓉的辛辣，十分开胃。

烹饪时间：50 分钟 / 难度：中等

参考热量

食材	热量（千卡）
大虾 500 克	420
干粉丝 20 克	68
植物油 10 克	90
合计	578

主料

大虾 500 克，干粉丝 20 克，蒜蓉 20 克

辅料

蚝油、生抽、白胡椒粉各 1 茶匙，植物油 10 克，盐 1/2 茶匙，葱花少许

烹饪秘籍

虾尾用刀背拍一下，摆盘的时候更平稳，更好看。

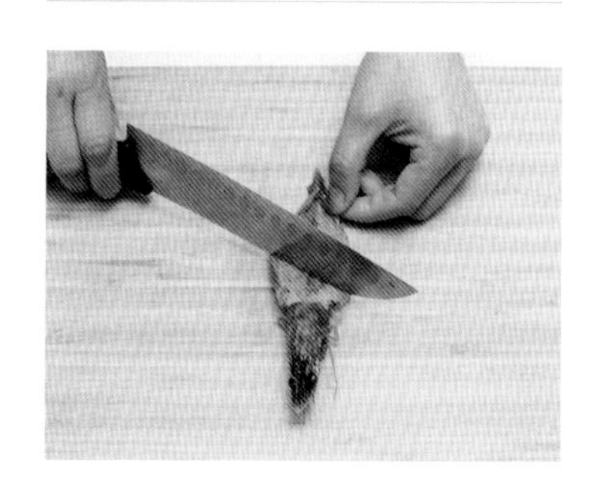

做法

1. 干粉丝用温水泡软，加入生抽、白胡椒粉拌匀。

2. 大虾开背，去掉虾线，保留虾头和虾尾。

3. 热锅放入植物油，加入蒜蓉、盐爆香，盛出备用。

4. 将拌匀的粉丝均匀地铺在盘中，将大虾摆在粉丝上。

5. 将爆香的蒜蓉淋在大虾上，淋上蚝油。

6. 锅内烧开水后，将虾放入锅中大火蒸 10 分钟，出锅后撒上葱花即可。

营养贴士

虾肉富含蛋白质和多种矿物质，营养极为丰富，而且脂肪含量低，不会给身体带来额外的负担。

酱香照烧鸡腿

丰美多汁的家常美味

鸡腿是大人和小孩都很爱吃的食物，肉质丰美，鲜嫩弹牙。经过腌制和焖煮之后，吃起来鲜嫩多汁，香浓入味。

烹饪时间：40 分钟 / 难度：普通

参考热量

食材	热量(千卡)
鸡腿 200 克	360
花生油 10 克	90
白芝麻 10 克	53
合计	503

主料

鸡腿 200 克

辅料

花生油 10 克、蒜蓉、姜末、盐各 1 茶匙，白芝麻 10 克，生抽、酱油、料酒各 1 汤匙

烹饪秘籍

1. 此酱汁可以用作其他肉类的烧汁，比如鸡翅、鸡胸肉等。
2. 如果鸡腿骨不好剔除，可以将鸡腿沿着骨头切成扇面，方便煎制和入味。

做法

1. 鸡腿洗净，去骨，切成块。

2. 将生抽、料酒、酱油、盐放入碗中混合均匀，调成酱汁。

3. 平底锅中加入花生油烧热，放入姜末、蒜蓉炒香。

4. 将鸡腿肉放入平底锅中，小火煎至两面金黄。

5. 将调好的酱汁倒入锅中，和鸡腿肉混合均匀，中小火焖煮至收汁。

6. 起锅时撒上白芝麻即可。

营养贴士

鸡腿含有丰富的蛋白质，易被人体消化吸收，能增强体质。

蒜香鸡胸肉

外焦里嫩的高蛋白饱腹正餐

鸡胸肉脂肪含量非常低，是低热量又饱腹的食材。用开胃的蒜香调料腌制入味，无油煎至金黄后，入口有嚼劲，非常过瘾。

烹饪时间：30 分钟 / 难度：普通

参考热量

食材	热量（千卡）
鸡胸肉 200 克	192
洋葱 100 克	40
植物油 10 克	90
合计	322

主料

鸡胸肉 200 克，洋葱 100 克

辅料

植物油 10 克，料酒、葱末、蒜蓉各 1 茶匙，盐 3 克，黑胡椒粉少许

烹饪秘籍

1. 鸡胸肉腌制好后，可以用厨房纸吸去表面的水分，使其在煎制的时候更香。
2. 若喜欢辣味的，可以加辣椒粉或者辣酱。

做法

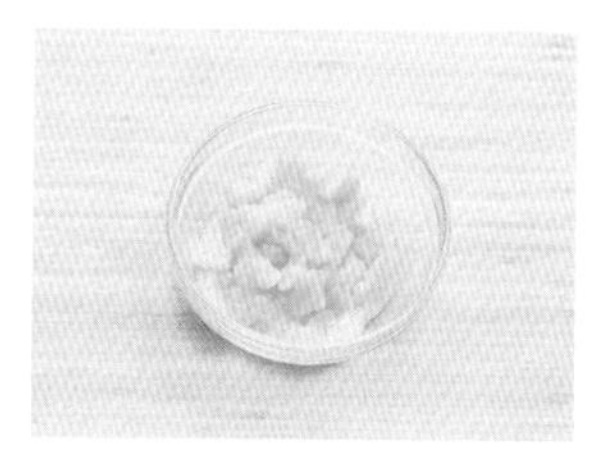

1. 鸡胸肉洗净，切成小丁。

2. 将鸡胸肉丁、料酒、黑胡椒粉放入一个盆中混合均匀，腌制 15 分钟，沥干水分备用。

3. 平底锅中倒入植物油烧热，放入蒜蓉、葱末爆香。

4. 倒入切成小块的洋葱，继续翻炒，加盐，炒至洋葱变软。

5. 将腌制好的鸡胸肉放入锅中，小火煎至两面金黄，盛出装盘。

6. 撒上少许黑胡椒粉进行调味即可。

营养贴士

鸡胸肉高蛋白、低脂肪、低热量，是健身减肥人士补充身体营养很好的选择。

胡萝卜青豆鸡胸肉饼

清爽简洁，户外就餐的好选择

非常清爽的一道补充蛋白质的菜肴，做法简单，颜值高，营养丰富，低脂低热量，很适合外带食用。

烹饪时间：40 分钟 / 难度：普通

参考热量

食材	热量（千卡）
鸡胸肉 200 克	192
胡萝卜 50 克	16
青豆 50 克	199
植物油 10 克	90
合计	497

主料

鸡胸肉 200 克，胡萝卜 50 克，青豆 50 克

辅料

盐、料酒、生抽各 1 茶匙，植物油 10 克，黑胡椒粉各少许

做法

1. 鸡胸肉剁成肉泥，胡萝卜洗净切碎，青豆洗净后沥干水分备用。

2. 鸡胸肉泥放入一个盆中，加入盐、料酒、黑胡椒粉搅拌均匀，腌制 15 分钟。

3. 在盆中加入胡萝卜碎、青豆、生抽搅拌均匀，制成肉馅。

4. 将肉馅捏成大小均匀的肉丸备用。

5. 平底锅加热，放入植物油，放入肉丸，轻轻压扁成饼状。

6. 小火将肉饼煎至两面金黄即可。

营养贴士

鸡胸肉所富含的蛋白质和脂溶性维生素，与胡萝卜和青豆所含的大量维生素、胡萝卜素及膳食纤维搭配在一起，荤素适宜，营养丰富。

烹饪秘籍

1. 鸡胸肉可以用牛肉、鱼肉替换。
2. 可以在配料中加入自己喜欢的其他调味料。

鸡胸肉焖蛋酸酸锅

汤汁浓郁，酸香可口

鸡胸肉经过香料的腌制之后十分细腻入味，和脆爽的马蹄混合做成丸子，口感弹牙，汤汁浓郁，酸香可口，是下饭的好菜。

烹饪时间：30 分钟 / 难度：普通

参考热量

食材	热量（千卡）
鸡胸肉 200 克	192
鸡蛋 1 个（55 克）	75
马蹄 100 克	60
番茄 300 克	45
橄榄油 10 克	90
合计	462

主料

鸡胸肉 200 克，鸡蛋 1 个，马蹄 100 克，番茄 300 克

辅料

橄榄油 10 克，生抽、白醋、盐、姜蓉各 1 茶匙，葱花、胡椒粉、香菜各适量

营养贴士 这道菜的食材中，含有丰富的蛋白质和维生素，荤素搭配十分合理。

做法

1. 鸡胸肉洗净，切成肉糜；马蹄洗净，削皮，切碎；番茄洗净，切成小块。

2. 将鸡胸肉糜、马蹄碎、生抽、葱花、胡椒粉放入一个碗中，顺时针搅拌均匀，做成鸡肉馅。

3. 将鸡肉馅捏成大小均匀的肉丸。

4. 锅内倒入橄榄油烧热，加入姜蓉翻炒至香，倒入番茄块，中小火炒至番茄出汁。

5. 在番茄锅内倒入适量清水，加入盐、白醋大火烧开。

6. 将鸡胸肉丸放入汤中，中小火煮至汤汁浓稠。

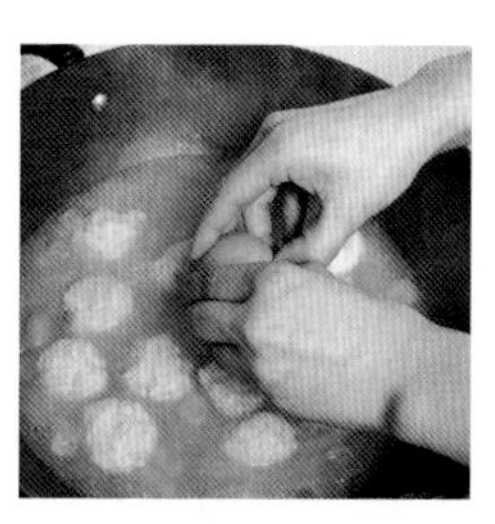

7. 将鸡蛋完整地磕入汤中，大火将汤汁烧开，关火，盖上锅盖闷 3 分钟左右。

8. 装盘时，放上适量香菜作为点缀即可。

烹饪秘籍

1. 关火后闷 3 分钟，做出来的是溏心蛋，可以根据自己的喜好调整煮鸡蛋的时间。
2. 可以在汤内加入自己喜欢的蔬菜，比如金针菇、蘑菇、西蓝花等。

红酒焗鸡翅

金黄焦香，浓郁多汁

红酒在经过烹煮之后，酒味散发，余下浓香，鸡肉完全吸收了红酒的香浓，变得十分软烂入味。

烹饪时间：40 分钟 / 难度：普通

参考热量

食材	热量（千卡）
鸡翅中 5 个（150 克）	290
红酒 100 毫升	96
橄榄油 15 克	135
合计	521

主料

鸡中翅 5 个，红酒 100 毫升

辅料

橄榄油 15 克，姜末、盐各 1 茶匙，西蓝花 1 小朵

做法

1. 鸡翅中洗净，表面用刀划出刀口。

2. 将鸡翅中混合 50 毫升红酒，腌制 10 分钟。

3. 平底锅内倒入橄榄油烧热，放入姜末炒香。

4. 将鸡翅中均匀地铺在平底锅中，让其均匀受热，中小火煎至鸡翅中两面金黄。

5. 在锅内倒入剩余的红酒、盐，翻炒均匀，转中小火焖煮至汤汁浓稠收汁，盛入盘中。

6. 在盘中放入 1 小朵西蓝花作为装饰即可。

红酒能促进消化，美容养颜，有助眠作用。

烹饪秘籍

用同样的烹调方法可以将鸡翅中换成鸡腿，做成红酒焗鸡腿。

清香椰汁鸡

充满热带风情的清香甘甜

椰汁清香甘甜，鸡肉经过椰汁的焖煮之后，完全入味。浸透了汤汁的鸡肉，口感鲜嫩紧致，作为汤底的椰汁清甜醇厚，回味悠长。吃鸡肉前先喝上暖暖的一碗汤，温暖开胃，令人食欲大增。

烹饪时间：30 分钟 / 难度：普通

参考热量

食材	热量（千卡）
鸡肉 500 克	620
椰子 2 个（取可食用的椰青水 800毫升）	120
合计	740

主料

鸡肉 500 克，椰子 2 个

辅料

盐 1 茶匙，青橘 1 个，小米辣 2 根，海鲜酱油 1 小碗，沙姜末 10 克，姜 3 片

烹饪秘籍

1. 蘸料中的食材可以根据自己的喜好增减。
2. 椰肉可以用搅拌机打碎成糊，倒入椰青水中同煮，令汤汁更加香浓。
3. 尽量选择走地鸡、散养鸡的鸡肉，肉质更为鲜嫩。

做法

1. 椰子挖孔，取出椰青水，盛入碗中。

2. 将椰子剖开，用钢勺挖出椰肉，切成小块备用。

3. 小米辣剁碎。海鲜酱油中倒入少许凉白开搅拌均匀，将青橘挤出汁液，滴入酱油中，加入沙姜末、小米辣碎搅拌均匀做成蘸料。

4. 椰青水倒入锅中，加入椰肉块、盐、姜片煮开。

5. 鸡肉切成小块，倒入锅中，大火煮熟（约 5 分钟）盛出。配蘸料食用，口味极佳。

营养贴士

椰汁中含有大量的蛋白质和多种人体所需的微量元素，口感清香悠长又富有营养。

香菇清蒸乌骨鸡

经典的低脂健康滋补佳品

这道菜肴采用了非常经典的鸡肉类滋补食材的搭配，香菇的独特浓郁香味、红枣的滋补香甜，将营养丰富的乌骨鸡焖煮得非常入味，连汤都非常美味，很适合温补气血、滋补身体。

烹饪时间：39 分钟 / 难度：普通

参考热量

食材	热量（千卡）
乌骨鸡 500 克	555
干香菇 30 克	82
干红枣 40 克	110
合计	747

主料

乌骨鸡 500 克，干香菇 30 克，干红枣 40 克

辅料

盐 1 茶匙，老姜 10 克

烹饪秘籍

1. 根据时令，可增添不同的食材，比如板栗、玉米等。
2. 处理鸡肉的时候，可以将鸡皮连带皮下脂肪较厚的部分去除，这样汤汁更加清爽少油。

做法

1. 干香菇、干红枣用温水浸泡至软。

2. 香菇去蒂，对半切开备用；老姜削皮，拍碎。

3. 乌骨鸡治净，切成块，放入沸水中焯至变色，沥干水分备用。

4. 将乌骨鸡块、香菇、红枣、盐、老姜放入一个碗中混合均匀。

5. 将混合好的食材放入高压锅中，加入 1 碗凉水，盖上锅盖。

6. 高压锅大火煮至上汽后，转中小火焖煮 8 分钟即可。

营养贴士

乌骨鸡的营养价值高于普通禽类，和红枣一起炖煮，美容养颜，温补气血。

海带炖筒骨

强身健体的一碗好汤

猪筒骨富含钙质，熬出来的汤汁十分香浓。海带富有嚼劲，带有天然的提鲜物质，与猪筒骨一起炖煮之后，汤汁变得更加鲜美。

烹饪时间：30 分钟 / 难度：普通

参考热量

食材	热量（千卡）
新鲜海带 200 克	32
猪筒骨 500 克	200（可食用部分）
合计	232

主料

新鲜海带 200 克，猪筒骨 500 克

辅料

盐 1 茶匙，生姜 10 克，葱花少许

做法

1. 海带洗净，切成小段；猪筒骨斩断，洗净。

2. 生姜削皮，切成片。

3. 锅内放入清水烧开，加入猪筒骨，焯水至变色，撇去浮沫，捞出备用。

4. 将海带、猪筒骨、生姜、盐放入高压锅内，加入适量清水。

5. 高压锅大火煮至上汽，转中小火继续炖煮 20 分钟左右。

6. 出锅后撒上少许葱花作为点缀即可。

营养贴士

猪筒骨含有一定的钙质和脂溶性维生素，海带含有丰富的膳食纤维和矿物质，二者配在一起炖煮不但可以提升饱腹感，还能促进肠道蠕动，帮助肠道排毒。

烹饪秘籍

1. 也可以使用 1 小把干海带，用温水泡发后，洗净表面污渍即可。
2. 在购买猪筒骨时可以要求商家帮忙切好，也可以用排骨、猪扇骨替代猪筒骨。

番茄豆腐煲

酸甜入味的植物蛋白

酸甜的新鲜番茄，是给菜品提供酸甜滋味的来源。豆腐吸收了番茄熬出来的汤汁，非常入味，开胃解腻。

烹饪时间：40 分钟 / 难度：普通

参考热量

食材	热量（千卡）
番茄 300 克	45
老豆腐 1 块（约 250 克）	235
花生油 10 克	90
合计	370

主料

番茄 300 克，老豆腐 1 块

辅料

盐、生抽各 1 茶匙，花生油 10 克，葱花少许

做法

1. 番茄洗净，切小块；老豆腐切成厚片。

2. 平底锅中倒入花生油加热，将老豆腐片均匀铺在锅底，中小火煎至两面金黄，盛出备用。

3. 取一口砂锅，将老豆腐片均匀地铺在锅底，上面放上番茄块，加入适量清水，没过食材，均匀地撒上盐。

4. 将砂锅大火烧开，转中小火炖煮 25 分钟，至汤汁浓稠。

5. 沿着锅边均匀地洒上生抽提味。

6. 出锅后撒上葱花作为装饰即可。

烹饪秘籍

1. 可以在砂锅中加入其他蔬菜，比如金针菇、土豆等。
2. 可以根据番茄汁的浓淡和个人口味，起锅时加入番茄酱进行调味。

营养贴士

老豆腐富含优质蛋白、钙、植物甾醇和多种氨基酸，搭配番茄所含的大量维生素 C 和番茄红素，膳食营养非常全面。

冬瓜排骨汤

利尿消水肿的家常汤羹

冬瓜清淡的口感正好缓解了排骨的油腻感，熬成汤后，香浓的排骨中带着清爽的汤汁，这两种食材放在一起是非常好的搭配。

烹饪时间：30 分钟 / 难度：简单

参考热量

食材	热量（千卡）
冬瓜 300 克	36
猪肋排300克	200（可食用部分）
合计	236

注：300 克猪肋排的可食用部分约为 100 克，热量约 200 千卡。

主料

冬瓜 300 克，猪肋排 300 克

辅料

盐、生抽各 1 茶匙，生姜 10 克，胡椒粉、葱花各适量

烹饪秘籍 锅中加入清水的分量，以所需排骨汤的分量为准，一般为 1 碗汤的分量。

做法

1. 排骨切成小段，放入滚水中焯熟，撇去浮沫，沥干水分备用。

2. 冬瓜削皮去瓤，切成片；生姜削皮，切成片。

3. 锅内倒入适量清水烧开，放入排骨。

4. 锅内加入姜片、盐、生抽，混合均匀，转中小火，盖上锅盖焖煮 20 分钟。

5. 加入冬瓜，转中火煮 5 分钟。

6. 起锅时撒上胡椒粉、葱花即可。

营养贴士 冬瓜热量低、水分大、钠含量低，具有去水肿、降血压的功效，很适合在夏季食用。

南瓜玉米浓汤

经典易做的西式汤羹

南瓜香糯，压成泥之后与牛奶混合，口感会变得浓郁香甜。汤色金黄柔和，在享受汤汁的顺滑时，唇齿之间可以感受到玉米的鲜嫩香甜，而且嚼劲十足。

烹饪时间：30 分钟 / 难度：普通

参考热量

食材	热量（千卡）
南瓜 200 克	46
玉米粒 50 克	33
脱脂牛奶 250 毫升	83
合计	162

主料

南瓜 200 克，玉米粒 50 克，脱脂牛奶 250 毫升

辅料

新鲜罗勒少许

烹饪秘籍

1. 南瓜本身的糖分含量很高，加上牛奶的香醇，无需添加其他调味料就很好吃。
2. 如果没有新鲜的罗勒，可以用香葱、芹菜、香菜一类的食材代替，做法一样。

做法

1. 南瓜削皮去瓤，切成小块或者厚片。

2. 蒸锅内加入清水，把切好的南瓜块放入蒸锅中，大火蒸 10 分钟左右，至南瓜熟透。

3. 蒸好的南瓜块取出，放入碗内，用勺子压成泥。

4. 在锅内倒入脱脂牛奶，加入玉米粒，中火将牛奶煮沸。

5. 将南瓜泥加入锅中，轻轻搅拌均匀，小火熬煮3分钟，盛出后装入碗中。

6. 新鲜的罗勒洗净后切碎，撒在汤碗中作为点缀即可。

营养贴士

南瓜含有丰富的维生素和粗纤维，能促进肠胃的消化吸收，搭配牛奶所含的丰富蛋白质，膳食营养结构均衡。

紫薯燕麦粥

肠胃运动从一早开始

烹饪时间：30 分钟 / 难度：普通

推荐搭配菜品：第三章“蒜香茄子”

参考热量

食材	热量（千卡）
紫薯 150 克	159
燕麦 20 克	68
合计	227

主料

紫薯 150 克，燕麦 20 克

紫薯让粥品变成了诱人的深紫色，燕麦增加了粥的颗粒感和嚼劲，这样的搭配能带来更强的口腹满足感，好看又好吃。

营养贴士 紫薯、燕麦都属于粗粮，含有精细主食中所缺乏的微量元素和矿物质，多吃能增加肠胃蠕动，促进身体的新陈代谢。

烹饪秘籍 1. 紫薯本身有甜味，因此不需要额外加白糖调味。
2. 若喜欢吃咸的，也可以加入少许盐，也很好吃。

做法

1. 紫薯洗净后削皮，切成小块备用。

2. 蒸锅内放水烧开，将紫薯放入蒸锅中大火蒸 5 分钟至熟透。

3. 将燕麦倒入碗中，加入蒸好的紫薯块，倒入 200 毫升开水，稍微搅拌一下。

4. 将燕麦碗放入蒸锅内，大火蒸 3 分钟左右，关火，盖锅盖闷一会儿即可。

烹饪时间：10 分钟 / 难度：简单

参考热量

食材	热量（千卡）
燕麦 30 克	101
玉米粒 50 克	33
合计	134

主料

燕麦 30 克，玉米粒 50 克

辅料

盐少许

营养贴士 燕麦含有丰富的蛋白质，加上玉米粒的高纤维，是粗粮的黄金组合，可以帮助肠胃做运动，润肠促消化。

咸香玉米燕麦羹

热气腾腾，咸香开胃

燕麦羹散发着浓浓的麦香，香滑浓稠。吞咽之间能吃到鲜甜的玉米粒，增加了咀嚼的快感。经少许盐调味后的羹底变得咸香可口，暖心开胃。

做法

1. 将燕麦倒入碗中，加入 250 毫升开水。

2. 将玉米粒倒入燕麦中搅拌均匀。

3.蒸锅内放入清水烧开，放入燕麦碗，大火蒸 3 分钟。

4. 出锅后加入少许盐搅拌均匀即可。

烹饪秘籍 1. 玉米粒可以购买市售成品，有冷冻的，也有罐头产品。还可以用新鲜的玉米棒子自己剥。
2. 燕麦用开水泡好后蒸一下，口感更浓稠，并且可以减少用开水泡发的时间。

红糖核桃蛋汤

补益气血，美容养颜

热气腾腾的红糖鸡蛋汤，加入香脆可口的核桃、黑芝麻，不但营养丰富，而且暖心暖胃，是一顿元气十足的早餐。

推荐搭配菜品：第二章“清蒸粗粮”

烹饪时间：10 分钟 / 难度：简单

参考热量

食材	热量（千卡）
鸡蛋 1 个（55 克）	75
核桃仁 10 克	65
红糖 5 克	20
黑芝麻 2 克	11
合计	171

主料

鸡蛋 1 个，核桃仁 10 克

辅料

红糖 5 克，黑芝麻 2 克

做法

1. 鸡蛋磕入碗内，打散成蛋液。

2. 锅内倒入清水烧开，放入红糖使其溶于水中。

3. 在红糖水中放入核桃仁，转大火将水煮开。

4. 将蛋液倒入锅内，迅速用筷子打散，关火盛出。

5. 最后撒上黑芝麻装饰即可。

烹饪秘籍

如果喜欢香脆的口感，可以最后将核桃仁与黑芝麻一起放入，不用水煮。

营养贴士

核桃仁富含蛋白质和矿物质，是人们非常喜爱的坚果类食材。

第四章

补能小点心

烹饪时间：30 分钟 / 难度：简单

参考热量

食材	热量（千卡）
鸡蛋 2 个（110 克）	150
椰汁 200 毫升	100
合计	250

主料

鸡蛋 2 个，椰汁 200 毫升

辅料

营养贴士 鸡蛋和椰汁都含有丰富的蛋白质，蛋白质含量高的食物能延长饱腹感，并且热量较低，非常健康。

椰汁口感清爽独特，解渴消暑，营养丰富。用椰汁替代清水加入蛋液中蒸制，香气四溢，让人食欲大增。

做法

1. 鸡蛋磕入碗中，打散。

2. 在蛋液中加入椰汁搅拌均匀，过筛滤掉泡沫。

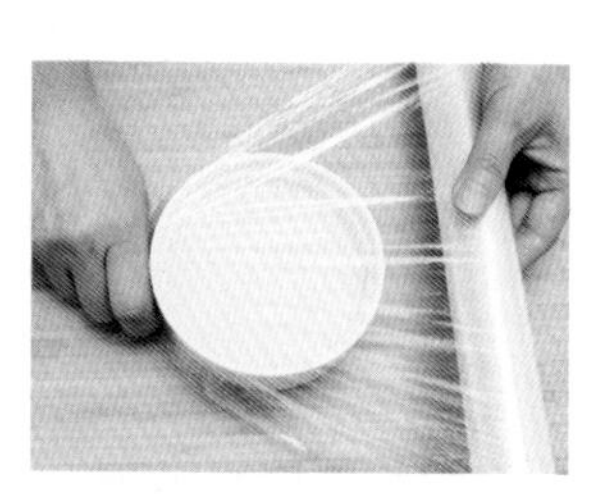

3. 将椰汁鸡蛋液倒入碗中，盖上保鲜膜。在保鲜膜上用牙签扎几个小洞透气。

4. 蒸锅内倒入清水烧开，将椰汁鸡蛋液放入蒸锅内，大火蒸 12 分钟即可。

烹饪秘籍

1. 鸡蛋液过筛是为了鸡蛋布丁蒸出来后更加柔嫩爽滑。
2. 也可以取新鲜椰子的椰汁。选用小个的椰皇，取出椰汁，与蛋液混合好后，倒回椰壳中上锅蒸熟，别有一番自然风味。
3. 成品中可用薄荷叶加以点缀。

百香果酸辣凤爪

香辣开胃，百吃不腻

凤爪经过调料的浸泡之后，香辣可口，开胃解腻，十分弹牙入味。百香果和柠檬的加入，给这道凤爪增加了更为浓郁的自然酸香。

烹饪时间：60 分钟 / 难度：普通

参考热量

食材	热量（千卡）
凤爪 500 克	500（可食用部分）
柠檬 100 克	36
百香果 50 克	33
合计	569

主料

凤爪 500 克，柠檬 100 克，百香果 50 克

注：500 克凤爪的可食用部分约为 200 克，热量为 500 千卡。

辅料

盐 2 茶匙，白醋、料酒各 1 汤匙，生抽 2 汤匙，大蒜 5 瓣，老姜 30 克，小米辣 5 根

做法

1. 凤爪洗净，剪去指甲等杂物，剁成两半备用。

2. 老姜洗净，削皮，切成片；小米辣洗净剁碎；大蒜拍碎，剥皮备用。

3. 柠檬洗净，连皮切成薄片；百香果挖出果肉和果汁备用。

4. 锅内倒入清水烧开，放入凤爪，煮至凤爪变色，撇去浮沫，洗净备用。

5. 锅内倒入沸水，放入凤爪、1 茶匙盐、10 克姜片，大火烧开，盖上锅盖中火煮 10 分钟。

6. 煮好的凤爪捞出后放入冰水或者凉水中浸泡 5 分钟，沥干水分备用。

7. 在碗中放入 20 克姜片、1 茶匙盐、百香果肉和果汁、柠檬片及所有余下的辅料，搅拌均匀，制作成料汁。

8. 将凤爪放入料汁中搅拌均匀，盖上保鲜膜或者碗盖，放入冰箱冷藏 5 小时即可食用。

1. 食材中的酸味调料和辣味调料可以根据自己的喜好适量增减。
2. 凤爪煮熟后浸泡入冷水或者冰水中是为了将凤爪表面的胶原蛋白冲走，避免在浸泡凤爪之后，料汁凝固，影响凤爪脆爽的口感。
3. 做好的凤爪在两天内食用，口感最佳。

营养贴士

凤爪含有比较丰富的胶原蛋白，对皮肤有好处，泡制的烹饪方式没有使用其他油脂煎炸，更加健康低热量。

桂花红枣糯米球

喜庆明艳的一盘开口笑

红红的枣心内填满雪白的糯米团子，看起来饱满可爱，颜色鲜亮喜人，很适合在节庆时候或请客摆盘的时候制作。

参考热量

食材	热量（千卡）
干红枣 20 个（90 克）	248
糯米粉 100 克	254
蜂蜜20克	64
合计	566

主料

干红枣 20 个，糯米粉 100 克

辅料

蜂蜜 20 克，干桂花少许

做法

1. 干红枣洗净后，用工具去核。

2. 用剪刀将红枣对半剪开一边，另一边保持连接。

3. 糯米粉加清水调成可以揉搓的硬度。

4. 将糯米粉搓成小丸子，塞进红枣中，摆入盘中。

5. 将红枣糯米球用大火蒸 10 分钟。

6. 浇上少许蜂蜜，撒上干桂花即可。

红枣是温补气血、美容养颜的佳品，糯米同样有滋阴温补的功效。

红枣本身含糖，如果想热量更低，可以不放蜂蜜。

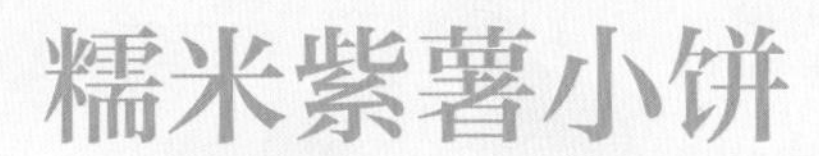

糯米紫薯小饼

健康朴实的充饥小能手

紫薯易饱腹且热量低，糯米也是饱腹感很强的主食，两者融合之后，紫薯带来的粉紫色让小饼看起来圆润可爱，口感软糯香甜。

烹饪时间：30 分钟 / 难度：简单

参考热量

食材	热量（千卡）
紫薯 200 克	212
糯米粉 30 克	105
面粉 30 克	110
橄榄油 5 克	45
细砂糖 3 克	12
合计	484

主料

紫薯 200 克，糯米粉 30 克，面粉 30 克

辅料

细砂糖 3 克，橄榄油 5 克

烹饪秘籍　细砂糖可根据个人喜好添加，紫薯本身略甜，也可以不放糖。

做法

1. 面粉和糯米粉混合均匀。

2. 在面粉中加入细砂糖混合均匀。

3. 紫薯削皮，切块，上锅蒸熟。

4. 紫薯蒸熟后压成泥，与面粉混合，揉成一个个颜色均匀的面团。

5. 将面团压成圆饼状。

6. 平底锅中加入橄榄油烧热，小火将紫薯饼煎至两面金黄即可。

营养贴士　紫薯含有丰富的膳食纤维，能改善肠道代谢功能。紫薯还富含花青素，可以保护血管，同时还含有铁元素，补血养颜。

酸奶燕麦焗香蕉

甜品也能帮肠胃做运动

燕麦先经过酸奶的滋润，再混合口感浓郁香甜的香蕉泥，搅拌均匀，加上烘烤过的香脆可口的混合干果，营养丰富。若是搭配了精致的餐具，就是一份既精美又健康的甜品。

烹饪时间：40 分钟 / 难度：普通

参考热量

食材	热量(千卡)
香蕉 1 根(80 克)	74
即食燕麦 30 克	100
低脂酸奶 200 毫升	88
混合干果 20 克	90
合计	352

主料

香蕉 1 根，即食燕麦 30 克，低脂酸奶 200 毫升，混合干果 20 克

烹饪秘籍

混合干果可以是核桃、蔓越莓干、葡萄干、腰果等。

做法

1. 香蕉剥皮，切成小片，用叉子压成泥。

2. 将即食燕麦、香蕉泥、酸奶放入一个碗中搅拌均匀。

3. 将混合好的食材倒入烤盘或者烤碗中，均匀地撒上混合干果。

4. 烤箱预热至 200℃，上下火烤 20 分钟左右，至表面金黄有焦香即可。

营养贴士

食材中有丰富的碳水化合物、蛋白质、维生素、矿物质和膳食纤维，能及时补充身体所需的能量，帮助肠胃运动，促进身体的消化吸收，很适合作为早餐或者健身餐食用。

烹饪时间：10分钟 / 难度：简单

参考热量

食材	热量(千卡)
低脂酸奶200毫升	88
混合干果20克	90
合计	178

主料

低脂酸奶200毫升，混合干果20克

干果香脆可口，虽然热量不低，但是营养极为丰富，含有人体所需的大量微量元素和矿物质，其中所含的油脂成分能给人带来强烈的饱腹感，直接和酸奶调和，是一款简单易做、高营养、低热量的补能甜点。

做法

酸奶倒入碗中，加入混合干果拌匀即可。

营养贴士

低脂酸奶的热量很低，但保留了大量蛋白质，能延长饱腹感。在晚餐前作为下午茶来食用非常合适。

烹饪秘籍

1. 酸奶的品种较多，从瘦身的角度出发，我们可以选择脱脂酸奶或者低脂酸奶，避免选择再加工的酸奶，比如水果口味的酸奶。
2. 干果根据自己的喜好选择各种类型都可以，比如核桃、葡萄干、蔓越莓干、腰果等。

烹饪时间：30 分钟 / 难度：简单

参考热量

食材	热量（千卡）
紫薯 150 克	159
低脂酸奶 200 毫升	88
碎干果 20 克	90
合计	337

主料

紫薯 150 克，低脂酸奶 200 毫升，碎干果 20 克

营养贴士

紫薯是粗粮的一种，含有丰富的粗纤维，搭配酸奶一起食用，能很好地帮助肠胃对食物进行消化吸收。

酸奶紫薯泥

酸酸甜甜就是我

紫薯的口感软糯香甜，粉紫的颜色又非常梦幻可爱，和雪白细腻的酸奶搭配在一起，或搅拌均匀成更加柔和的粉紫色，或分层摆放显得色彩鲜明，再撒上香脆可口的碎干果，味觉上和视觉上都很有美感。

做法

1. 紫薯洗净后，削皮，切成小块。

2. 蒸锅内注入清水，将紫薯块放入蒸锅内蒸熟。

3. 蒸熟的紫薯块放入碗中压成泥。

4. 将酸奶倒入紫薯泥中搅拌均匀，撒上碎干果即可。

烹饪秘籍

1. 判断紫薯是否熟透，可以用筷子插入紫薯中，能轻松扎进去便可。
2. 碎干果是用于增添风味的，可以挑选自己喜欢的种类，如核桃、葡萄干、蔓越莓干等都可以，也可以不放。
3. 可以将酸奶直接淋在紫薯泥上，让摆盘的颜色更加好看。

椰汁龟苓膏

快手解渴消暑小饮

烹饪时间：10 分钟 / 难度：简单

参考热量

食材	热量（千卡）
龟苓膏 110 克	43
椰汁 200 毫升	100
蜜红豆 10 克	32
合计	175

主料

龟苓膏 110 克，椰汁 200 毫升

辅料

蜜红豆 10 克

营养贴士

龟苓膏美容养颜排毒，椰汁不但含有丰富的蛋白质和维生素，还有益气养颜的功效。搭配在一起做成甜品，口感极为融洽。

椰汁和龟苓膏都是热量很低的零食类食材，香甜可口，饱腹感强。纯混合的制作方式非常简单，还可以添加其他自己喜欢的食材，使得龟苓膏的口味灵活，花样多变。

做法

1. 将龟苓膏放入碗中，用刀划成小块。

2. 在碗中倒入椰汁，混合均匀。

3. 最后撒上蜜红豆即可。

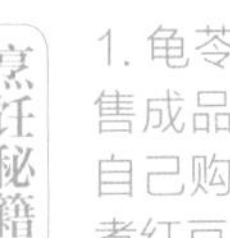

烹饪秘籍

1. 龟苓膏、椰汁、蜜红豆有市售成品，如果有时间，也可以自己购买原材料制作龟苓膏和煮红豆。
2. 蜜红豆可以替换成其他自己爱吃的食品，比如坚果、葡萄干等，也可以不添加。
3. 椰汁可以根据需要加热或者冷藏后再使用。

烹饪时间：20 分钟 / 难度：简单

参考热量

食材	热量（千卡）
香蕉 180 克	167
可可粉 10 克	35
合计	202

主料

香蕉 180 克，可可粉 10 克

营养贴士

香蕉含有丰富的维生素和粗纤维，营养丰富，润肠排毒，促进代谢。

这是一款简单易做的甜品，香蕉的甜味在可可微苦的衬托下更加浓郁，口感层次更丰富，冷冻后获得冰激凌的口感，满足口腹之欲，且热量极低。

做法

1. 香蕉去皮，切成小段。

2. 把香蕉放入料理机中打成香蕉泥。

3. 将可可粉倒入香蕉泥中，与香蕉泥混合后再次放入料理机中搅打均匀。

4. 将混合均匀的香蕉可可泥盛入容器中，放入冰箱冷冻至凝固即可。

烹饪秘籍

1. 香蕉可以打成泥做成冰激凌后再冷冻，也可以去皮冷冻至发硬后再用料理机打碎，那样便可以直接食用。
2. 可可粉也可以替换成其他食材，比如抹茶粉等，做成其他想吃的口味。

芒果西米糕

浓香馥郁的热带解暑美食

很多爱吃甜品的朋友都很纠结美味附带的热量，但其实并非都是如此。芒果的果肉甜美馥郁，弹牙的西米蒸透后化成西米浆，混合入香浓的椰汁，冷藏后冰凉爽口，细滑弹牙，是低热量的美味解暑佳品。

烹饪时间：60 分钟 / 难度：简单

参考热量

食材	热量（千卡）
煮好的西米 150 克	48
椰浆 250 毫升	150
芒果 100 克	35
橄榄油 5 克	45
细砂糖 5 克	20
合计	298

主料

煮好的西米 150 克，椰浆 250 毫升，芒果 100 克

辅料

橄榄油 5 克，细砂糖 5 克

做法

1. 煮好的西米中加入橄榄油、细砂糖、50 毫升清水搅拌均匀。

2. 芒果削皮，切小块。

3. 取一个大蒸碗，将西米和芒果混合均匀。

4. 将碗放入锅中，大火蒸 40 分钟左右。

5. 放凉后包上保鲜膜，放入冰箱冷藏 2 小时。

6. 吃的时候切块，浇上椰浆。

营养贴士

西米是甜品中常用的食材，容易消化，搭配富含维生素、矿物质和膳食纤维的芒果，以及口感清甜的椰浆，能帮助肠胃蠕动，健胃消食，很适合夏天胃口不佳的时候食用。

香蕉燕麦杯

健康无负担地享用甜品

选择一个好看的容器，瞬间就能将这款香蕉燕麦杯提升为一道非常养眼的甜品，且因为食材选择非常健康，所以热量低，饱腹感持久，能很好地补充体能，是早餐、健身餐的极佳选择。

烹饪时间：30 分钟 / 难度：普通

参考热量

食材	热量（千卡）
香蕉 2 根 (130 克)	120
燕麦 30 克	100
低筋面粉 30 克	110
脱脂牛奶 200 毫升	66
合计	396

主料

香蕉 2 根，燕麦 30 克，低筋面粉 30 克，脱脂牛奶 200 毫升

烹饪秘籍

1. 制作香蕉燕麦杯的容器可以用烘焙小蛋糕的模具，也可以用家里常用的小碗、小杯子等。
2. 如果加入少许抹茶粉或可可粉，就可以举一反三做成抹茶燕麦杯或巧克力燕麦杯。
3. 可以根据自己的喜好，在第 4 步中，向香蕉燕麦糊中撒上少许坚果，然后再进行烘烤。

做法

1. 香蕉剥皮，切成段，放入料理机中。

2. 在料理机中加入脱脂牛奶，打成香蕉糊备用。

3. 将香蕉糊倒入碗中，加入低筋面粉和燕麦，搅拌均匀。

4. 将香蕉燕麦糊倒入烘焙模具中。

5. 烤箱预热至 220℃，放入香蕉燕麦杯，烤制 20分钟至食材定型即可。

营养贴士

燕麦含有丰富的膳食纤维，饱腹感很强，尤其富含 B 族维生素，能促进身体的新陈代谢。搭配香蕉所含的丰富的维生素和矿物质，这道甜品好吃不怕胖。

第五章

低卡养颜饮品

烹饪时间：20 分钟 / 难度：简单

参考热量

食材	热量（千卡）
脱脂牛奶 250 毫升	83
红糖 5 克	20
合计	103

主料

生姜 50 克，脱脂牛奶 250 毫升

辅料

红糖 5 克

营养贴士

生姜驱寒、红糖温补活血，搭配牛奶是一款非常健康养生的甜品。

生姜有着独特的香味，有驱寒的功效，搭配浓稠的红糖，和牛奶同煮，口感浓厚香醇。热热地喝一碗，暖心暖胃。

烹饪秘籍

1. 生姜可以剁成姜蓉，加入清水熬煮成浓稠的姜汁，喝的时候过滤去除姜末即可。
2. 红糖的分量可以根据自己喜欢的甜度增减。

做法

1. 生姜洗净削皮，用榨汁机榨出生姜汁备用。

2. 锅中加入 200 毫升清水烧开，加入红糖，中火烧至红糖水稍微浓稠。

3. 在红糖水中加入姜汁，搅拌均匀，烧开。

4. 在姜汁红糖水中倒入脱脂牛奶，中火煮沸即可。

烹饪时间：30 分钟 / 难度：简单

参考热量

食材	热量（千卡）
黄豆 15 克	58
黑豆 15 克	60
红豆 15 克	49
红枣 15 克	40
黑芝麻 15 克	84
合计	291

主料

黄豆、黑豆、红豆、红枣、黑芝麻各 15 克

豆类中含有丰富的营养物质，且具有浓郁的豆香。红枣的甘甜和黑芝麻的香浓让豆浆的口感更为丰富。

营养贴士

豆类含有丰富的维生素和人体所需的微量元素，红枣和黑芝麻都是滋补气血的佳品，混合在一起做成豆浆，在营养上和口感上都极为协调。

烹饪秘籍

1. 红枣具有天然的甜味，加上黑芝麻的浓香，让豆浆本身带有丰富的植物香味，不需要额外加糖，也很香浓。
2. 不过滤豆渣直接饮用，口感更加浓郁。
3. 过滤后的豆渣可以用来炒菜。

做法

1. 黄豆、黑豆、红豆提前浸泡一夜。

2. 将泡好的豆类、红枣、黑芝麻放入豆浆机内，注入 1000 毫升清水。

3. 用豆浆机直接加工煮熟制成豆浆。

4. 滤去豆渣后直接饮用。

烹饪时间：130 分钟 / 难度：简单

参考热量

食材	热量（千卡）
干桃胶 15 克	22
干莲子 10 克	35
干红枣 5 个（20 克）	55
冰糖 10 克	40
合计	152

主料

干桃胶 15 克，干莲子 10 克，干红枣 5 个

辅料

冰糖 10 克

晶莹剔透，色泽亮丽，口感细腻顺滑，是一款美容养颜的佳品。冬天喝热的，温补身心，夏天冰镇后喝，下火解暑。

做法

1. 干桃胶、干莲子用温水浸泡 2 小时左右，桃胶需泡制得透亮发涨。

2. 泡好的莲子去心，桃胶去除杂质洗净，干红枣洗净。

3. 将莲子、桃胶、红枣放入炖盅里，加入适量清水。

4. 用炖锅的煲汤功能，炖煮 2 小时，最后加入冰糖，待其熔化后搅拌均匀即可。

营养贴士

桃胶含有丰富的胶原蛋白，搭配红枣、莲子一起炖煮，能养颜补气血。

烹饪秘籍

1. 可以购买去心的干莲子。
2. 所有的食材可以根据自己的喜好增减。
3. 冰糖可以不加，因为红枣本身有甜味。

青瓜苹果胡萝卜汁

消暑解渴的护眼好帮手

烹饪时间：10 分钟 / 难度：简单

参考热量

食材	热量（千卡）
青瓜 150 克	24
苹果 200 克	100
胡萝卜 100 克	32
合计	156

主料

青瓜 150 克，苹果 200 克，胡萝卜 100 克

汁水并不多，但是带有自然甘甜的胡萝卜，搭配清淡多汁的青瓜和清甜的苹果，融合成了清爽、微甜、多汁的口感。

做法

1. 青瓜洗净，削皮，切块；苹果削皮，切块；胡萝卜洗净，削皮，切块。

2. 将青瓜块、苹果块和胡萝卜块放入榨汁机中榨汁。

营养贴士

这款甜品含有丰富的胡萝卜素、维生素、膳食纤维和微量元素，消暑解渴，很适合长期用眼过度的人群缓解眼部疲劳，还能润肠通便。

烹饪秘籍

1. 青瓜汁水丰富，苹果自带清甜，口感非常清爽。
2. 最后可用薄荷叶等加以装饰，上桌更美观。

烹饪时间：10 分钟 / 难度：简单

芹菜番茄蜂蜜汁

肠胃运动的好帮手

参考热量

食材	热量（千卡）
番茄 300 克	45
西芹 100 克	17
蜂蜜 10 毫升	32
合计	94

主料

番茄 300 克，西芹 100 克，蜂蜜 10 毫升

西芹清爽多汁，番茄酸甜，加入蜂蜜的香甜，口感非常融洽，是排毒养颜的好帮手。

做法

1. 西芹洗净后切段，番茄切块。

2. 将西芹段和番茄块放入榨汁机中，加入蜂蜜榨汁。

营养贴士

芹菜含有丰富的维生素、钾元素和粗纤维，蜂蜜有润肠排毒的功能，二者都能帮助肠胃蠕动，促进排毒。一起打成果汁，能加速新陈代谢，排毒养颜，帮助降血压。

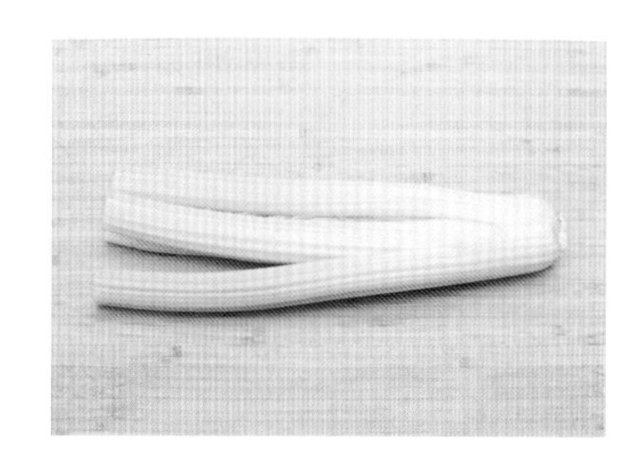

紫薯红枣汁

轻饱腹的养颜排毒果汁

烹饪时间：30 分钟 / 难度：普通

参考热量

食材	热量(千卡)
紫薯 100 克	106
干红枣 20 克	55
脱脂牛奶 250 毫升	83
合计	244

主料

紫薯 100 克，干红枣 20 克，脱脂牛奶 250 毫升

紫薯是富含膳食纤维和花青素的食物，能增加肠胃的饱腹感，抗氧化。红枣自带的天然甜味，给果汁添加了更为丰富的风味，同时红枣还是补铁的食物。

做法

1. 干红枣用水提前浸泡至发涨。

2. 紫薯去皮后切块，上锅蒸熟。

3. 将紫薯块、红枣混合脱脂牛奶一起倒入榨汁机内榨汁。

营养贴士

这款甜品富含膳食粗纤维，能加快肠胃蠕动，促进排毒。

烹饪时间：10 分钟 / 难度：简单

参考热量

食材	热量（千卡）
橙子 200 克	96
胡萝卜 100 克	32
合计	128

主料

橙子 200 克，胡萝卜 100 克

橙子胡萝卜汁

橘红色的维生素能量站

酸甜可口的橙子和鲜甜的胡萝卜口感融洽，尤其适合用眼过度的人群食用。

做法

1. 橙子削皮，切块；胡萝卜削皮，切块。

2. 将橙子块和胡萝卜块放入榨汁机中榨汁。

营养贴士

这款果汁含有大量的维生素 C 和胡萝卜素，能增强身体的抵抗力，缓解用眼过度的压力，还能润泽肌肤。

芒果香蕉奶昔

香浓顺滑，润肠排毒

烹饪时间：10 分钟 / 难度：简单

参考热量

食材	热量（千卡）
芒果 100 克	35
香蕉 70 克	65
低脂酸奶 250 毫升	110
合计	210

主料

芒果 100 克，香蕉 70 克，低脂酸奶 250 毫升

酸奶打底的奶昔，健康低热量，配合芒果独特的馥郁酸甜，非常好喝。

营养贴士

香蕉含有丰富的膳食纤维和钾元素，搭配富含蛋白质、钙和益生菌的酸奶，能促进肠胃蠕动，帮助身体排毒，还可以强筋壮骨。

烹饪秘籍

芒果香浓，香蕉排毒，是很好的饱腹饮料。

做法

1. 芒果削皮，切块；香蕉去皮，切块。

2. 将芒果块和香蕉块混入酸奶中。

3. 将食材倒入榨汁机中榨汁。

烹饪时间：10 分钟 / 难度：简单

参考热量

食材	热量（千卡）
草莓 200 克	64
低脂酸奶 250 毫升	110
合计	174

主料

草莓 200 克，低脂酸奶 250 毫升

草莓奶昔

可爱健康有活力

做法

1. 草莓洗净，去蒂；香蕉剥皮，切段。

2. 将水果混入酸奶中。

3. 将食材倒入榨汁机中榨汁。

热量很低的草莓打成果汁，颜色粉嫩可爱，非常醒目。酸奶含有丰富的蛋白质、矿物质和维生素，能帮助肠胃运动，促进消化。搭配草莓汁，口味清新酸甜，好喝还不胖！

营养贴士　草莓是热量非常低的水果，营养成分又非常丰富。

烹饪秘籍　草莓去蒂后用淡盐水浸泡 10 分钟，可去除杂质。